U0910797

决定你上限的不是能力，而是格局

陶瓷兔子 著

北京联合出版公司
Beijing United Publishing Co.,Ltd.

图书在版编目（CIP）数据

决定你上限的不是能力，而是格局 / 陶瓷兔子著
. -- 北京 : 北京联合出版公司，2017.9
ISBN 978-7-5596-0842-0

Ⅰ. ①决… Ⅱ. ①陶… Ⅲ. ①成功心理－通俗读物
Ⅳ. ① B848.4-49

中国版本图书馆 CIP 数据核字（2017）第 193044 号

决定你上限的不是能力，而是格局

作　　者：陶瓷兔子
选题策划：北京宏泰恒信文化传播有限公司
责任编辑：张　萌
策划编辑：李　根
封面设计：仙境书品
版式设计：王玉双
责任校对：王　萌

北京联合出版公司出版
（北京市西城区德外大街 83 号楼 9 层　100088）
北京市昌平新兴胶印厂印刷　新华书店经销
字数 200 千字　880 毫米 × 1230 毫米　1/32　10 印张
2017 年 9 月第 1 版　2017 年 9 月第 1 次印刷
ISBN 978-7-5596-0842-0
定价：36.00 元

前　言

2015 年，我出版了人生中的第一本书，之后有编辑找我约稿，开门见山：

“你应该多写一些两性情感类的话题，情绪方面可以再加强一点，选题也可以尝试剑走偏锋多留悬念，这样的文字很抓人眼球，销量也会比较好。”

同时发来几篇他认为满分的文章题目《男人爱不爱你，只看这一点》《爱情中 99% 的女孩都不知道的那些事》以及《你只要努力燃烧，便能成为自己的光》。

我实在没忍住怼了回去：“那还有人燃烧完，成了灰烬呢。”

“谁会在乎那些烧成灰烬的人？”他说，“这是个所有事物一同争抢人类注意力的时代，你不绝对不偏激不哗众，就很难脱颖而出。不加一点博眼球的营销手段，光靠会写文章有什么用？一辈子也红不了，听我的准没错……”

那是我第一次用极其粗暴的手法迅速地拉黑了一个人。然后又极其失落地发觉，我可能真的一辈子也红不了了。

抱着做个 10000 线网红作者的念头，我在 2015 年年底注册了自己的公众号，从没进行过任何形式的宣传，居然也已经有好几万小伙伴循迹而来。2017 年，我又出了一本书，其中有位读者拍了一张跟新书的合影到我的微博留言，她这样说：

“我以前总怀疑自己是个怪胎，身边的人喜欢的美妆号情感号还有某言辞激烈的大 V 我都不喜欢，现在才知道，我并不孤单，只是那时没有找到你。”

忽然觉得很感动。

我并不是个很会讨喜的作者，不相信爱情是人们生活中唯一的重点，因而也从不愿意花太多的时间和精力去研究某一个眼神与某一条消息究竟有什么意义。

不相信所有的努力都会获得回报，因此不愿轻易鼓励别人坚持到底。

不愿意把自己的一生寄托于别人的海誓山盟，因此从不敢放任自己的双脚离地，懈怠于某个温暖的怀抱。

深知这世界有太多的坏与不足，也从不靠打一针鸡血保持对生活的热爱。

而我的读者们，大概也是这样的人吧。

不轻信，不攀附，不轻易对人生失望，也不靠童话生活。

或许一辈子也成为不了振臂高呼应者云集的知名大咖，但也从不辜负每一天的平凡生活。从日复一日的成长中汲取力量，每一天，都变成比昨天更好一点的人。

而我无比喜欢这个时代，也正是因为它可以让任何一个声音通过传播得以最大化，志同道合的人自会闻声而来。而写作与阅读，无非都是寻找同类项的活动，我们素昧平生，或许今后也不会相见，这些文字却可以将天各一方的两个人联系在一起，隔着万水千山相互陪伴，在每一个心生动摇的瞬间，知道自己并不孤单。

因为深知自己无法讨好所有人，也无法对所有人报以如一的喜欢，所以索性将这本书送给喜欢它的“自己人”。

相信生活靠能力也靠人品的你；学不会无理取闹的你；被孤单打败过的你；不愿意麻烦别人的你；在诱惑面前咬牙坚守过底线的你；二十多岁的时候，觉得生活糟透了的你；不懂拒绝又百般憋屈的你；跟朋友闹了小别扭，又不知如何化解的你；陷入原生家庭的困局，却又不甘心被过去捆绑的你。

无限相似又独一无二的你。

很高兴通过这本书认识你呀。

见字如面，希望你喜欢。

目 录

Part 1 你的世界观就是你的世界

Part 2　阿修罗卸甲于你熄灭光芒的那一刻

Part 3 决定你上限的不是能力，而是格局

Part 4　嘿，要遇到很多人哦

Part 5 想要长相守，炒菜多放肉

Part 6 拖我后腿的人，都被我踢死了

Part 1
你的世界观就是你的世界

外界是危险的，自己是弱小的，改变是艰难的，未来是可怕的。这种初始设定可能来自于父母，可能来自于朋友，或者根本来自于人类远古的基因，但总有些人有勇气打破这样的设定，在一次次跟外界的碰撞中，形成自己崭新的世界观。

你的世界观就是你的世界

有个小姑娘找我聊天，讲起生活里的烦心事，她叹了口气："毕业之后每天都活得好累。"

压力不仅来自于竞争激烈的职场和每天无止境的加班，更多的是来自于父母。她毕业不满一年，跟父母住在一起，每天听着父母的唠叨，耳朵都磨出了老茧：

"你一个女孩子家，赶快抓紧时间找对象，工作又不会娶你，再过两年就嫁不出去了。"

"李阿姨给你介绍了一个小伙子，你这周末别出去玩儿了，去跟人家见见面。"

"这是公务员考试的书，你好好复习，准备明年的考试，关系我们会给你打点好，你只要考得好就行了。”

类似不厌其烦的唠叨，让她头疼不已。她从没想过要找一个男人当作自己生活的倚靠，也不愿意为了一场莫名其妙的相亲而推掉朋友的聚餐，她的人生目标是成为穿 Prada 的女魔头，跟国企机关轻松闲适的节奏格格不入。

可压力偏偏来自于她最亲近的人，每天同在一个屋檐下，低头不见抬头见，她既无从反驳，又无处可逃。

我随口说：“那你搬出来住啊，迟早都要独立，早点儿出来，受到的干涉和洗脑也会少一些。”

她沉默了一会儿，点了点头，说：“那我试试看。”

不到两周的时间，她就告诉我已经找好了房子的消息。

那间小公寓在距离公司二十分钟路程的地方，周围的环境很好，可是价钱也贵，仅仅是房租就抵得上她小半个月的工资，加上水电网和物业的费用，月薪的二分之一就都贴了进去。

她并不是很容易就搬出来的，父母以各种理由百般阻挠。房子一次要交半年的租金，而她刚毕业不久手上没有积蓄，父母以断绝经济援助威胁她留在家里，她只好向大学的几个好友开口。

辗转凑够了钱，她提着三个箱子走入了自己的小世界。一两周回家一次，父母忙着嘘寒问暖，自然也就没工夫唠叨找对象和相亲的事。

她很拼，搬出去之后就将全部的精力都投入到了工作当中，没到两年就争取到了业界大牛的 offer，美中不足的是那家公司在外地。

她长到二十几岁，除了旅游之外从没出过省。可即便如此，她仍然毫不犹豫地在一个月内就办完了所有的交接手续，孤身一人南下，在某个晚上发了一条朋友圈，感慨自己真的很幸运。

明明不是特别优秀的人，却依然能得到这么好的机会。应该是走了狗屎运吧。

她这么说，配着两个笑嘻嘻的大黄脸。

之所以想起这件事，是因为收到了一位读者的留言，她遇到了跟上文中的小姑娘类似的烦恼。

她在一座不知名的四线城市中做公务员，每个月的工资只有两千多。她觉得很不甘心，但又不确定自己有没有能力在大城市里生活，于是来问我，自己该怎么办。

我给她的回答十分简单：去大城市闯一闯，哪怕最后因失败而回到小城，至少也能知道自己输在了哪里。

她的回复来得飞快："可是我没多少钱，经不起在大城市里折腾，自己的能力也很一般，万一找不到工作怎么办？"

"找不到对口的还找不到一般的吗？"我回复，"开始的时候能养活自己就行了。"

"可是还要联系面试租房子什么的，也很麻烦啊，老家这边离职手续也不好办。"她又说，"听说大城市里的人不像我们这里的那么淳朴，心眼儿都挺多的，我有点儿害怕自己在那种环境里根本生存不下去。"

听到这里，我基本已经确定她还是不会走出那个小城一步。

所有看似不甘心的诉说，只是为了证明“我心有余而力不足啊”。而林林总总的借口，也无非是想让听话的人跟她一样，认为“生活就是这样，没有其他办法”。

我有时觉得，我们对世界的认知总有个初始设定存在——

外界是危险的，自己是弱小的，改变是艰难的，未来是可怕的。

这种初始设定可能来自于父母，可能来自于朋友，或者根本来自于人类远古的基因，但总有些人有勇气打破这样的设定，在一次次跟外界的碰撞中，形成自己崭新的世界观。

时常听到这样的话：

“我上个三本学校能有什么大出息，不过就是混混日子等毕业罢了。”

“我挺想去大城市拼一拼的，可是没本事，所以没办法。”

“朝九晚五的生活就是混吃等死，可我又能怎么样啊？”

……

他们中的大多数，都如自己所料的那样失败，而那失败之所以让人惋惜，是因为那并不是来自于拼搏一把之后的愿赌服输，而是虽然心有不甘，却依旧固步自封。

这世界上从没有谁是全副武装好之后才迈入挑战的，而一个人生活的半径，其实并不是由他的能力或者意愿决定的，最重要的是他的世界观。

你想成为什么样的人？是随波逐流还是特立独行？是洗手作羹汤，安心地做个家庭主妇，还是在职场上奋力拼搏，成为自由独立的成功人士？

什么对你来说更重要？是稳定还是挑战？是安全还是刺激？是认可还是自由？

外面的世界是什么样的？是危险的还是安全的？是单线程的还是多维的？是黑白的还是彩色的？

你想要的东西决定你的选择，而你的目标是否能够得以实现，最终取决于你如何看待这个世界。

幸运的是，我们一直都有机会重塑自己的心智模式，改变自己看待世界的观点。而不幸的是，那些将自己封在时光琥珀里不肯成长的人，不会像隔绝了水源和空气一般感受到即时的痛苦，有时甚至可以很幸运地躲过一些危险与伤害，但当他们意识到自己已无路可退时，却为时已晚。

我们无法拔着自己的头发将自己提起来，去自行脱胎换骨。但至少，请在心中保留一丝警惕：

我所认同的，可能会是错的；

我所想到的，可能是片面的；

我所不知道的还有很多，除了自己去尝试之外，没有人能告诉我。

这才是“走出去”的第一步。

我可以出手相助，也请你用力狗刨

前几天有个小学妹找我聊天，很郁闷地说起了跟舍友闹翻的经过。

起因是一件小事。舍友实习的公司给了大量需要翻译的资料，要求完成的时间也很紧，于是拜托被戏称为学霸的她帮忙，她虽然也很忙，却磨不开面子拒绝，于是勉为其难地答应了对方的求助。

她原以为自己只是帮忙翻译一小部分以加快进度，却没想到舍友将大部分的资料都打包发给了她，自己却成了十分清闲的那一个，每天饭后随意地翻上几段，然后就一身轻松地跑出去跟男友约会聊天。

她自己也做着一份实习，每天加班忙得要命，看到舍友如此清闲，便委婉地表达了不满，反倒被对方拔高八度地指责：

“你答应了帮我的，你这人怎么说话不算话啊？你翻译的速度比我快那么多，多帮我翻几页怎么了？”

她也有点儿生气了，说：“我答应帮你，又没说替你。这是你的工作，我只是帮你的忙，又不是帮你做完，自己的工作自己负责，有问题吗？”

两人争吵了几句，便因此闹崩了，舍友逢人便说她“没义气”，而她十分委屈地来找我说：“我要是真的没义气，开始就不会帮她，但她这样做，让我觉得心里很不舒服。我只不过是帮她救个急而已，她凭什么把我的善意利用得那么理直气壮？”

我听一位朋友讲过自己表妹的事，小姑娘高考失利，在家里整天被父母数落，索性就到大城市里来投奔她。

她看到表妹楚楚可怜的样子，便留她住在家里，几次问她是想复读还是想找工作，都被表妹含混地搪塞过去了。这一住便是好几个月，表妹每天都只是看电视、上网、打游戏和逛街，过得好生逍遥。

她自忖不能耽误了她的前程，又催促表妹快做决定，表妹不情不愿地说出找工作的打算，紧接着又撒娇卖萌，说自己学历不高又没什么技能，出去肯定得碰钉子，还不如由她出面，帮忙联系一份工作。

她抱着送佛送到西的想法，辗转拜托了好几个朋友，终于为表妹谋得了一个前台的职位，虽然工资不高，但朝九晚五从不加班，工作内容也比较轻松。表妹这次倒是二话没说就去上了班，可还没到一个月，她就接到了朋友委婉的投诉：

“你妹妹年龄小，还不懂职场的规矩。上班的时候打游戏，沉迷到连客户的电话都没给接进来，老总来了也不打招呼，到总务处去领个文具这种小事，说了几次也一直迟迟没办，你看你有空的时候跟她说一下……”

她涨红了脸连连赔礼，并保证一定好好教育表妹。等表妹回来，她刚一说，小姑娘就满不在乎地摇摇头：

“有你在，他也不能炒了我，干得好不好又有什么关系？反正只有那么一点工资，也没什么意思。”

“没有这一点工资，你要怎么在这个城市立足？”她苦口婆心地劝着。

“靠你啊。”表妹耸耸肩，露出个无所谓的表情，“你是我的姐姐，难道还能看着我流落街头风餐露宿不成？等你以后结婚了，就又多个姐夫可以照顾我，到时候我不打扰你们，你帮我在这个小区租一套房就行……”

她听着表妹轻描淡写地讲着自己的人生规划，越听越心凉。敢情我出手相助，你就托付终生了？不过是看你在家憋闷让你住在我这儿散心，怎么就像给自己领养了一条寄生虫？

就在那个周末，她将小姑娘送回了老家，婉言相劝：“你的一生还长，要对自己负责。”

而表妹回她一个嗤笑，说：“你不愿意帮忙就算了，讲什么大道理。”

她甚至没顾得上数落她的狼心狗肺，一送走表妹便立刻打电话给我，十分感慨：

“有的人真的不能帮，你想着帮对方脱离困境，人家却只想着做甩锅侠，把自己的问题一股脑地转嫁给你，一分力都不肯出，软塌塌地作壁上观。”

这种人极难讨好，亦极难满足，像是一个没有底的黑洞，不断掠夺你的资源和能量。

之前我写过一篇名为“你也是那个不愿给别人添麻烦的人吗？”的文章，有位读者私信我，问：可是如果从来都不麻烦别人，会不会活得太孤立冷清了？

可是“麻烦别人”跟“给别人制造麻烦”，这两个概念看上去相似，其实却是很不一样的。

人生在世难免遇到困局，寻求一些援助无可厚非，可是以求助为名，将自己的困局和压力转嫁给别人却不同，前者是麻烦他人，后者是成为对方的麻烦。

人与人的交往难免会有往来亏欠，我们多多少少都麻烦过别人，也被别人麻烦过，但请你务必在别人出手相助时，把自己力所能及的事情做好。别人固然可以帮你把一切搞定，但你总不能就站在那里袖手旁观，让那个好心向你伸出手的人做你人生的接盘侠。

来自别人的强大不是你袖手旁观的理由，毕竟谁也不是来背你上岸的。

人家伸出手拉你一把，也请你别忘了用力狗刨，别太在意姿势是否难看，因为最难看的其实并不是苦苦挣扎，而是把自己活成一个软体动物，死乞白赖地往对方身上倚靠。

你的生活究竟需要怎样的仪式感?

故事要从去年的母亲节开始，我像往年一样给老妈送了红包，她欢欢喜喜地接过，吃晚饭时，却有点儿失落地拿着手机叹了口气。

我凑过去看，只见她的一位老同学在朋友圈里晒出了女儿送的蛋糕和鲜花，显然不如我的大红包来得实在，我妈却直感叹，这才像是过节的模样。

虽然没明说，可是作为贴心小棉袄，我怎么能读不懂她的羡慕呢？与鲜花和蛋糕无关，不过是羡慕那些东西所代表的仪式感。

于是到了今年的母亲节，我也早早地预定好了一大束康乃馨，又托朋友从美国带回一瓶香水送她，我妈收到礼物十分惊喜，可高兴了没几分钟就过来跟我说：

“你以后还是别买礼物了，直接送红包吧，还是红包来得实用。”

我家很少买花，连个漂亮的大花瓶都没有，她也并不常用香水，上一瓶还是几年前别人送她的礼物，当作工艺品一样摆在梳妆台上。两样礼物拍完照之后就结束了它们的使命，那束花被插在一个空鱼缸里，怎么看，都有点儿格格不入。

我妈感慨：“像我这样的实用主义者，最合适的礼物就是现金了，我喜欢什么就去买什么，想什么时候买就什么时候买，赶这么一天买，其实也没什么意思。”

“不追求仪式感了？不羡慕别人这才是过节了？”我打趣她。

“你只要年年母亲节的时候都回来，就是我的仪式感。”送我出门的时候，她说。

我有一对朋友，大学毕业那年成了婚，那时两人一穷二白，家境又都不好，别说婚礼了，连戒指都没有。两个人住在一间30平米的出租屋里，大门上贴了张“囍”字，跟要好的朋友吃了顿饭，就完成了他们的仪式。

席间男生眼眶发红，对女孩儿说：“跟我在一起真是委屈你了，等我挣到钱之后，一定给你补个风风光光的婚礼。”

他肯干，脑子又聪明，没日没夜地干了几年，终于从跑腿的小销售熬成了大客户经理，薪资自然也水涨船高。

升职的那天他加班到九点多，一路跑着回来，将她从家里拖出来，直奔最近的 CBD 给她挑戒指，说 :“你喜欢哪一款，随便挑，挑好我们去补办婚礼。”

她笑着婉言拒绝，两人在商场里转了一圈儿，什么都没有买，又手牵着手回家。

聚会的时候说起这件事，有朋友笑她傻 :“难得他有了钱还想到给你买戒指，你就应该挑一个贵一点好一点的，戴在手上一生一世的东西，总得要有点儿仪式感。以后的生活难着呢，在一地鸡毛中看到这个戒指，都会想起当年恋爱的美好时光，是该留个纪念的。”

“钻戒是好，可我真的不喜欢。”她笑着摇头，“你知道对我来讲仪式感是什么吗？

“是我们结婚三年，还能像上学时一样通宵聊天 ；是他说我爱你的时候依然会脸红。

“是他在外奔波一个多月，回来之后依然会下厨做菜 ；是我们吵架之后无论多生气他都会主动抱我。

“是他穿着西装下班去菜市场买一把青菜 ；是他粗心大意了二十几年，却记得每天早上帮我晾杯白开水。

“这些看似不起眼的瞬间，就是我的仪式感。它不必寄托于任何物品和形式，我不需要什么东西提醒，他的存在就是我走下去的全部动力。我们都不是追求形式的人，何必把钱浪费在钻戒和婚礼上。”

她像金庸笔下的那个固执的姑娘，白马带着她一步步地回到中原。

白马已经老了，只能慢慢地走，但终是能回到中原的。江南有杨柳、桃花，有燕子、金鱼……汉人中有得是英俊勇武、倜傥潇洒的少年，但这个美丽的姑娘就像古高昌国人那样固执：

那些都是很好很好的，可是我偏不喜欢。

我曾经也是个很迷恋仪式感的人，挣到第一笔稿费的时候给自己买了一部手机，第一次升职的时候出国旅行，出了第一本书的时候换了电脑。

可是几年过去，最终记住的是什么呢?

并不是那些我专门买来做纪念的物品，也不是硬盘里存放的几个G的游客照。

而是熬过的每一个夜，挨过的每一顿骂，是家人挚友拿到我的书时视若珍宝的神情，是结识了很能聊得来的作者朋友，聊得high时宛若少年的那些瞬间。

它们贯穿在我的整个生命里，无需提醒，不用强调，甚至不用我去刻意地回想，可我的人生，终于还是因为这些小事而有所不同。它们是比“第一次”和“一辈子”更加值得纪念的东西。

我有一个很厚的手账本，捕捉着生活中的每一个小确幸，它们无需被任何东西美化，因为那些琐事本身，就是我的仪式感。

我有位酷爱旅行的朋友，足迹几乎覆盖了小半个世界。他在布鲁塞尔的教堂前弹过琴，坐六天六夜的火车从北京去莫斯科跟人彻夜聊天，在奈良的街头喂过鹿，在意大利追过小偷，在越南的街边跟卖香蕉的小贩聊起多年前的那场战争。

他很少拍照，别说单反，就连手机上的照片都寥寥无几。我们劝他多拍点儿照片，等到老了之后做一个照片墙，好歹算是留个纪念。

可是他说："我有时候担心，如果习惯了拍照，反而会产生'回去慢慢看也未尝不可'的心态，而一旦如此，旅行就成为了一种仪式，而不是一种享受。对我而言，仪式不在远方也不在过去，只在此时此刻。"

爬了一夜的雪山，看到日出险些热泪盈眶的时刻；

在深夜的街头遇到持枪的醉鬼，吓出一身冷汗的时刻；

同车的那个女孩跟他讲了一晚的心事，两个人却默契地没有交换联系方式的时刻；

参与过越南战争的老兵讲起曾经，老泪纵横的时刻。

那些时刻静默地融入了他的生命，成为不需要照片也不会磨灭的记忆。我无从论断利弊，却羡慕他的安心和洒脱。

或许，这才是拥有"仪式感"的最佳状态，不刻意追求，不汲汲于制造，不因之狂喜，也不因没有它而抱怨日常的无聊。

它不分高下，无论好坏，每个人对它的定义都不尽相同，但最好的仪式感，一定不止于仪式。

因为我们从来不需要用它向庸常的生活宣战，它存在的所有意义，原本就是让我们爱上生活。

你如何过一天，便如何过一生

前几天，一个朋友讲起过年时小学同学微信群里抢红包的事儿，为了一个莫名其妙的“手气最佳接上”的规则，一群人争论了好几个小时不说，还闹得不欢而散。

起因是有一个人抢到了手气最佳之后并没有接着发红包，却还在不停地抢着其他人发的红包，很快便被眼尖的某位盯上了。此人再三催促对方赶快接上，久久未得到回应，便半恶意半玩笑地在群里揭了对方幼时的一个不小的短，两人一言不合就开撕，使得群里的其他人也觉得十分尴尬。

他叹息一句，没想到还没过三十年，昔日的同窗便已经高下毕现了。

我问他此话怎讲，他十分感慨："这两个为了五块多钱的红包吵得不可开交的人，现在的生活都不怎么丰裕，倒是最后跳出来发了个大红包息事宁人的老班长，这些年生意做得不错，身家也好几百万了。"

"最可笑的还在后面。"他说，"那吵得不可开交的两位在抢了班长的大红包之后便心满意足地不说话了，好像什么事都没发生过一样。而发了红包的班长却私聊了组建群的我，委婉而又客气地表达了自己想退出群聊的想法。"

正是那句话让他感触颇深：

"大家现在都忙，总是讨论一些不痛不痒鸡毛蒜皮的小事，也没什么意思。"

哪个品牌的奶粉最近打折，谁的工作最清闲最舒适最适合养老，谁抢到了多少钱的红包……这些对一些人来说不值一提，但对另一些人来说，却像是顶顶重要的大事。

人很容易有一种错觉：

我表面上虽然营营于小事，但其实是个胸怀天下的侠士。

在这样的幻想中，一边放任自己的眼光愈发的浅，境界愈发的低；一边又常常在深夜化身键盘侠，怀着满腔的热血在热评的微博下留下一些不经过深思的评论，怀着替天行道的快感安然入睡。

可是我们往往会忘记，一个人的形式和内容，里子和面子，从来都是一回事儿。没有什么"外表 ××，内心 ××"的说法，你的一举一动都代表着你这个人，而你怎样过一天，就会怎样过一生。

一个人是什么样的，与他所说的话无关，与他所表现的样子也无关，只看他把自己的每一天、每一个小时花在哪里，就够了。

社会心理学里有个概念，叫作认知不协调。简单来讲，就是我们为了抚平内心的冲突，会采取一些妥协乃至欺骗自己的行为。

想吃一串葡萄，可是够不到，安慰自己说葡萄是酸的，一点也不好吃。

想拥有一份高薪的工作，可是找不到，于是告诉自己那种人也没什么了不起，还不是凭运气。

想像别人一样创业经商赚个盆满钵满，偏偏怕累怕麻烦，于是说那些身上沾着铜臭的人都是奸商，老子两袖清风，也可以在微博上指点江山。

为了安抚内心的不协调，制造出更大的不协调，开始时只是自己拧巴，逐渐开始找身边的人的茬，直到看不惯整个世界。

没有人的心生来就如铜墙铁壁，每个人的内心都藏着或多或少的软弱、怠惰和贪图安逸，跟那一点点的不甘心苦苦缠斗。

有的人选择苦苦坚持，有的人却早已缴械投降，任由这世界的苦风凄雨浇灭自己心中那团火，却还要美其名曰尊重生活。

或许每根倒刺都会有被生活抚平的时候，但我却很敬佩那些还在咬牙苦苦坚持的人。他们自律，他们缄默，淡泊平静，沉默挺拔，像是时间荒原里独自屹立的那棵树，带着某种不卑不亢的坚强和一些闪着微光的希望。

我实习的时候曾经采访过一个企业的创始人，他整日忙得脚不沾地，却还坚持每天阅读一小时，办公室的书架上放满了半新不旧的大部头，一眼扫过去，却都与工作无关。

我很好奇地问："可是读这些书有什么用啊？工作的时候又用不到。"

"不是为了用，而是为了保持一种生活状态。"他说，"人太容易向生活妥协了，也许开始的时候只是一天不读，慢慢到一周不读，然后就会觉得，其实不读书也没什么影响嘛，于是完全把读书抛到脑后。放弃，就是这么容易。"

"我之所以每一天都不敢松懈，是害怕心底这匹野马破了笼，就再也拴不回来了。

"生活从来不是一下子就把谁击垮的啊。

"它的獠牙时刻对准着你，你的每一次走神和跑偏，都会成为它发起攻击的契机，直到你意识到之时，怕已是体无完肤。"

人们常说，时间和精力用到什么地方，都是能看见的，可造就你的，却偏偏是那些你看不见的时刻。

一个走神，一次动摇，一瞬犹豫，一次投降。

不知不觉中消耗尽勇敢和力气，将你变成一个只顾汲汲营营的人。

王路老师的一篇文章中，曾经提到过"招数与内功"的区别。

看别人一举成名，看别人驾重就轻，你以为那是运气，却不知那一击必中的招数背后，藏着的是多少年的功力。

亮剑只有一瞬，磨剑却需一生。

每个人，每一天，都在做着一些改变身体、气质和素质的事情，仅从眼前来看的话，或许并不那么显而易见，可是一旦拉长到整个人生，就会高下立现。

每天读书与每天斗地主，每天健身与每天吃垃圾食品，每天学 K 线图和每天守着微信群抢红包。

区别我们的从来不是某个机缘，而是你每天在做的某件事，影响着你，满足着你，也塑造着你。

只有时间会告诉你你是谁，而你的每一天，都在写着这份答卷。

愿你落笔不悔，也能过上自己想要的人生。

别怕输，要爱赢

公众号后台有个读者给我留言："我不知道自己是不是应该停止写下去了，只觉得每天都好心累。"

我以为这是个来自于某个同样做公众号的朋友的日常感慨，于是回复："没事儿，这种阶段性的颓废，休息几天就会自行消散的。"

她说："我已经坚持写作两年多了，粉丝寥寥无几，根本没有任何收入，投入了几乎所有的业余时间，可依然是个小透明……"

我安慰她："对于大多数不以写作为生的人来说，名利其实都是第二位的，最重要的是自己写完一篇文章时感到的满足和梳理思绪的过程。"

她很快回复我几个哭笑不得的表情："我一点也没有那种满足喜

悦的心情，每天写五百字跟上刑似的，只有痛苦和挣扎。其实早就想放弃了，但又想着自己已经坚持了这么久，觉得放弃了很可惜。”

看到她这句话，我很吃惊。一个人在坚持做某件事时，没有任何外界的刺激，也没有内在动机的驱动，居然也可以坚持两年之久。但与此同时，这句话也解释了她坚持了这么久，水平却一直都没有什么提升的原因。

“那就不要写下去了呀，生活中还有很多其他的事可以做，省下这些时间，去找一件自己喜欢或者擅长的事去做也好啊。”我劝她。

她应了声是，第二天却又跑来给我留言：“我想了一夜，不能就这么轻易认输，还是决定无论多么痛苦，都要坚持写下去。”

“不能轻易认输”像是一个奇怪的咒语，有人因此成功，但也有人因此而碌碌一生。

经济学中有个很重要的概念，叫作沉没成本。那是一个人对自己已投入的时间和精力的估值，我们常常对生活中的沉没成本给予过多的重视，美其名曰“坚持到底”“不能认输”，可大多时候，这只是一种变相的守旧与浪费时间。

并不是所有的放弃都是认输。有时候，那叫取舍；有时候，那叫放弃；有时候，那叫另辟蹊径。

失败一次，起身再来；失败三次，咬紧牙关；可失败了十几次乃至几十次，便需要反思一下，自己咬牙走着的，是否真的是适合自己的那条路。

明明转身就另有康庄大道，何必在不喜欢也不擅长的事情上跟自己死磕？

我认识一个小姑娘，毕业之后进了一家老牌国企，薪资和福利都挺不错。她有时会讲到自己对办公室政治的一些苦恼，我们都会安慰她：习惯就好了，养成自己的对策就好了。

她在那家公司待了三年，选择了跳槽。聚会的时候她讲起这件事，说："我爸妈知道这件事都觉得我脑子进水了，好好的铁饭碗不要，非得跑到个小企业里做牛做马，简直傻透了。

"可是啊，那个地方对我来讲，已经没有可以学习和上升的空间了，我想学的东西都学到了，跟办公室的人钩心斗角，也无法提高我的个人能力。我想了想，如果一直待下去，充其量也就是不输吧。

"可是我不只想要一个仅仅是不输的结果，我想要有更多的机会，更好的平台。

"我想要赢。"

我无比喜欢她的这句话。

不是所有的坚持都值得鼓励，走出校园，走入社会，或许就意味着我们不应该再用任何对和错、放弃和坚持、应该和不应该这样的单线思维来判断事物。

一件事值不值得坚持，更重要的是它带给你的性价比。而许多不计成本的坚持和理想，很可能都是无意义的。

值得坚持下去的事只有两种：一种带给你名利，带给你基本的物质满足；另一种带给你喜悦，另一个维度的自我实现。

当一件事需要你动用洪荒之力来坚持的时候，停下来想一想，除了咬牙死磕之外，你是否还有更好的选择？

别太怕输，尝试的时候不要担心姿势难看；也要爱赢，懂得及时止损，能拼命也会刹车。

你的人生还有那么长，何必吊死在一棵树上？

要争气，别生气

有位朋友开了微课讲职业规划，两个小时的课程，只示意性地收费五元。微信群里好几千号人，到了问答环节，有个人忽然跳出来谩骂：

“我听了两个小时，人生中的问题一个都解决不了，浪费我的时间和钱，讲课的真是傻 ×！”

为了避免自己这句话被后面的提问刷下去，他不停地复制粘贴着这句话。很多人都跳出来为我的朋友辩护，并毫不留情地用更恶毒粗俗的语言骂回去，对方也毫不示弱。一时间群里充斥着污言秽语，直到朋友发了一个群公告圈了所有人：

“谢谢大家为我打抱不平，为了保证微课继续进行，请大家继续提问，挑衅谩骂不需理睬。”

那人挨了一记冷暴力，讪讪地说了句：“你这人真㞞。”

朋友当作没看到，继续不紧不慢地回答大家的提问。

课程结束之后，我们关系好的几个人安慰他：“你别生气啊，有些人素质不高，没办法。”

他笑了笑：“这样的人，幻想通过一个两小时的课程和五块钱来改变自己的人生，他的人生那么廉价，也不值得我生气。

“其实我挺能理解这种人的，他没办法解决现实生活中的问题，只能把改变人生的希望寄托在别人的身上，渴望速成，又渴望成本低廉，希望落空之后往往又不敢承认自己的无能，只好把愤怒发泄给别人。

“可那又能怎么样呢？越是愤怒，就越解决不了问题。”

我有位女友，毕业之后做了护士，从普通病房转到重症监护室，每天累得要死，24 小时全身的细胞都不敢放松，每过一天都像是打了一场硬仗，而她面对的，不仅仅是死亡和疾病，还有愤怒。

来自家属或是病人的不满、挑剔、无理取闹甚至谩骂，她都得像海绵一样软软地承受着。我们有次约好了吃饭，她刚换好衣服走出办公室，就被一个病人家属拦住，那人将手里的暖水壶塞给她，生硬地命令道：“去给我爸打瓶水。”

她还没开口说出“我已经下班了”这句话，那位家属就已经开始愤怒地咆哮，其间还掺杂着口音浓重的污言秽语：“你不就是个小护士吗，算什么东西，我们掏了这么高的住院费，还使唤不动你？把你们院长给我叫来……”

我正准备替她争辩，却被她拉住了：“算了吧，就是一瓶水的事儿。”

我感慨着她的好脾气，她却说：

“其实刚开始的时候我也挺接受不了的，几乎每晚都要哭上一会儿，以前在普通病房遇到的大多数人都很好，为什么到了这里会这样。

“可是渐渐地就明白了，当人的挫败感因疾病而逐渐蔓延到生命的时候，愤怒就是对抗世界的唯一的武器。”

她讲了一件事，一个农村来的老伯由于过高的医疗费，不得不放弃治疗那个因车祸致瘫的老伴儿，然后用最肮脏和恶毒的语言问候了所有的医生和护士。

“你知道吗，我们没有一个人觉得生气，只觉得悲凉。”她说，“如果他有更多的钱，或者有更强的能力去赚钱，有坚持下去的机会和资本，他就不会那么愤怒，可是他却什么都做不了。”

人在无能为力之时，最易怒。

我曾经也是个很容易生气的人，因为年龄或是阅历的缘故，不知怎么回应别人的质疑和中伤，无法解决生活中的一些烦恼和不如意，动辄便觉得自己被逼到了绝处，然后就会像个炸药包一样，只要一点火星就会立刻爆炸，让自己陷入无止境的争执，或是索性抱怨整个世界，为什么唯独对我那么苛刻。

那时的我因为一点小事就会奓起全身的毛，并不是因为别人真的招惹了我，而是深知自己的失败却不愿承认，也不愿意让别人看穿，于是才满身戾气，才色厉内荏。

当一个人无法对自己的生活负责，他生命中的一切都是错的。

而现在我的性格和脾气已经好了很多，并不是因为被时间磨平了棱角，或者仅仅靠一句“不与傻瓜论短长”的座右铭来自我安慰。

我不再容易愤怒，是因为我开始学会如何解决问题。

如何巧妙地化解猜忌，而不是因“你凭什么不信任我”而生气；

如何解决工作上的难题，而不是抱怨老板“为什么要给我这么难的项目”；

如何更好地平衡和打理生活，而不是像只鸵鸟一样把头埋在土里指责他人“你为什么要这样对我”。

当我有了更多解决问题的武器时，愤怒就不再是我手中唯一的锤子，只有在必要的时候，我才会运用它。把它当作手段之一，而不是撒手锏，往往能够获得更好的结局。

从前会骂回去的人，现在不会了，因为他不值得，也因为我不在意。

将军有剑，不斩蝼蚁。

我们的人生是漫漫征程，是星辰大海。

何必跟一块土砾较劲。

年轻人，混吃等死才是最辛苦的人生

我毕业那年的国庆节，爸妈的一位老同学来家里做客。那时我刚刚实习没多久，正抱着一本厚厚的Excel大全，对着电脑上前辈给的模版努力地套公式。

那位叔叔是我家的旧交，看到我捧着电脑焦头烂额的模样，感叹一句："你一个女孩子家的进什么资本家企业，连节假日都得加班，多辛苦。"说完又看向我爸妈，"最近小亮他们那儿好像要招人，我给留个心，你们也提前准备一下。女孩儿就应该到那种单位工作，稳妥，也轻松。"

他的儿子小亮大我三岁，毕业之后由家里安排去了一家国企做行政，企业效益一般，也没多少事，每天喝茶看报玩儿游戏，混够六个小时，一天就过去了。

爸妈婉言谢绝，说我情商低脾气差又不会溜须拍马，不大适合去国企上班。

“你以为是让她去工作啊？”他说，“不过是给姑娘找个地方养老罢了，不会搞关系有什么要紧？你就是坐在那儿啥也不干，也没人会让你走。”

在他的坚持下，我和小亮哥交换了微信，他反复叮嘱着儿子：“招人的话你要先跟妹妹说啊。”

他说了几次，我婉言推辞，这事儿便不了了之了。我们沉寂在彼此的通讯录里，除了朋友圈偶尔点个赞之外，再无交集。

去年，因为项目的对接客户出了一点问题，我被公司派去台湾出差。一个人一待就是大半个月，天天晚上加班到九十点钟，连周末都恨不得住在工厂盯进度。有天实在没忍住，发了一条朋友圈吐槽：

好希望自己早点结婚有小孩儿，就可以理直气壮地退居二线了。

没几分钟，小亮哥私信我，说：“其实我挺羡慕你的。”

“羡慕我什么？忙吗？”

“是啊。”他说，“对于我们这样的人来说，连忙都是奢侈。”

他在国企的日子并不顺心，三年过去，称呼从小张变成老张，职位却纹丝不动。比他来得晚的年轻人被提拔做了他的领导，每天被呼来喝去，只能干些杂事儿，别提多郁闷了。

他也试图要求参与项目，结果被分到最边缘化的一组，资金少得可怜不说，同组的人也都是一副心不在焉随便混混的样子。他一人独木难支，项目最终泡了汤不说，还被爱打小报告的同事参了一本，说他越俎代庖，总是代替组长给大家分配任务。

他们公司里不是没有能做事的团队，可那是公司仅存的精英梯队，手上的项目直接决定了来年的效益，而那种小组并不欢迎他这样的人。

“别人都觉得我这份工作轻松又稳定，简直就是个混吃养老的好地方，可是心累这种事，外人怎么能知道呢？”

想努力向上走，却被猪队友死死地抱住大腿的时候；

眼睁睁地看着更年轻的人踏着自己的肩膀走上去的时候；

陷入一些莫名其妙的钩心斗角却无力脱身的时候；

看着别人在忙却一点都插不上手，觉得自己是个废物的时候。

“以前觉得向上走挺累的，可是现在才知道，向下走更难。”他说。

当你身处一个人人向上的环境中，大家都在忙着做事，就没有人有闲情逸致去给别人下绊子、说风凉话或者打小报告，更别说千方百计地想要把你拽下来了。

越低的地方，是非越多。

跟事情打交道，脑子累；可是跟是非打交道，心累。

我有一个女友，算得上是个富二代，早在上高中的时候家里就有五六套房，妈妈没有上班，每个月唯一需要做的事情就是跑跑银行收房租。

她是家里的独女，毕业之后去欧洲玩儿了一圈，之后就一直在家待业，提前过上了岁月静好现世安稳，每天拈花弄狗的小日子。

别人羡慕她活得潇洒安逸，毫无后顾之忧，可还没过几个月，她就给自己找了份工作，在一家培训机构做助教，每月的工资还不够她生活费的零头。

她干了快一年，从助教升职为代课老师。那天她约我出来吃饭，坐在我对面的女孩儿黑了点儿也瘦了点儿，再不复上学时的懵懂天真，每当说起班里学生的趣事，两眼就会放出光彩。

“怎么想到要出来工作？”我问她，“现在的工资恐怕都不够你买个包吧？”

“嗯，不够，可是平时去上课也用不着背名牌包。”她说，“以前从来没觉得，被人需要的感觉居然这么好。”

“被需要，被重视。尽自己所能地创造一些价值，是比看十部韩剧、刷一天微博又或者买十个包包更大的满足。

“人一生都在追求自由，同时也在追求着认同感。那种感觉的产生，不是在营业员心不在焉地赞叹着‘好漂亮’的时候，也不是在同学聚会上别人感慨‘你有这样的爸爸真好’的时候，而是在你能创造出一些什么东西的时候。”

混吃等死是很艰难的，每时每刻都会被无限拉长，长到往往一个恍惚就会觉得自己熬不过去，每一天都是前一天的简单重复，深陷在自我怀疑和自我否定中。

情绪上的内耗远远比体力的付出更加让人抓狂，正如威廉·詹姆斯所说：

如果可行，给一个人最残忍的惩罚莫过如此：给他自由，让他在社会上逍游，却又视之如无物，完全不给他丝毫的关注，当他出现时，人们甚至都不愿稍稍侧身示意，当他讲话时无人回应，也无人在意他的任何举止。

与其说不是人人都有混吃等死的资本，不如说不是人人都能承担混吃等死的辛苦。正如王路老师写过的那样：

工作最重要的意义，是安排人一生的时间。就像选择枕头中的填充物，人通过工作，选择自己一生有多少光阴在何等环境下以何事为内容来度过。如同打游戏要设定角色和规则，工作设定了常人生命中三分之二以上的时间。如果缺乏必要的设定，生活将陷入巨大的混乱和惶恐之中。

人只有通过创造，才能对抗生命的巨大的虚空，也才能到达金字塔的最顶层——自我实现。而一个无法实现自我的人，拥有再多的钱，再多的自由，都是很痛苦的。

无法被人理解，无法得到重视，无法创造价值，才是最辛苦的人生。

那个决定不考大学的女孩，最后怎么样了？

我在公号后台看到一个小朋友的留言，她上高二，说：眼看着现在高三的学长学姐每天都活得特别累，觉得这样的生活很可怕，看着他们在题海里苦苦挣扎的样子，压力山大。

她暑假在一家手机专卖店里做促销员，生意很好的时候一个月也能赚到五六千，比她大学刚毕业的表姐挣得还多。

她问我："在这个时代中挣钱那么容易，上不上大学还有那么重要吗？"

有太多的工作可以提供从前只对大学生们开放的高薪和福利，即便是从前被人轻视的蓝领，如今也能赚个盆满钵满。

年轻有太多好处，唯有目光短浅是不可逃避的缺点。在我十几岁乃至二十出头的时候，也从没有想过什么看不清的未来，也曾羡慕邻居的姐姐高中毕业就去做了销售，不仅不用读书做试卷，还可以穿着美美的制服和高跟鞋，每个月也有好几千的收入。

那个姐姐跟我家做了多年的邻居，上学的时候其实成绩不错，努力一下考个一本院校也不是不可能，可是她觉得高三冲刺太过辛苦，于是早早地放弃了高考，每天只是在家学学化妆，然后跑到附近的店里去打零工。她爸妈都在外地，家里只有一个奶奶，拦也拦不住。

她那几年做得顺风顺水，听说签下了好几个单，家里的家具都换了新的。家属院里的老邻居纷纷称赞，说这孩子出息了，不比上过大学的差。

我上大三那年，她却失业了，坐在楼道里的满地烟头中叹气：

“我们这种靠青春吃饭拿订单的工作，只要青春没了，就什么都没有了。你看看我，现在要怎么跟那些十八九岁口齿伶俐的小姑娘竞争？”

她在家待了大概两个月，四处找工作，却总是碰壁。就在我快要放暑假的时候，听说了她要回老家的消息，她临走时来跟我妈告别，说自己还有两万块的积蓄，在城市里混不下去，希望在老家还能做点儿小生意，有个立足之地。从那以后，我们再也没有见过面。她换了手机之后，更是失去了联系。

我常常想起她，每当看到有类似“某女青年月入十万”的新闻，我都会忍不住想：那会是她吗？她会是那少数幸运儿中的一个，还是会像更多藏在励志故事背后的少女一样，接受一场不太情愿的婚姻，然后在街角开一间小卖部，就这样终老呢？

我好希望是前者，却也清楚地知道，这种可能性有多微乎其微。

学识决定眼界，眼界决定格局，而格局决定人的一生。

当我们那样年轻的时候，太容易盯住眼前的蝇头小利，被一点利益蒙住双眼，以为生活会永远顺遂，而青春永远不老。可是当你年逾三十，脸上的胶原蛋白都被雨打风吹消耗殆尽，跟身边甜美可人的小姑娘推销着同一款手机时；当你查出了脂肪肝，陪客户喝酒力不从心，而跟你同公司出来的年轻人端着酒杯侃侃而谈时，你又要怎么办呢？

我曾经跟一位做记者的朋友聊天，她采访过许多生活在社会底层，痛苦不堪而又无力摆脱困境的体力工作者，对生活的巨大惯性心有戚戚。我随口说了句："他们既然想要改变，为什么不能用业余的时间去学点儿技能呢？"

她无语地看了我一眼："你以为他们都能跟我们一样朝九晚五带双休，上班就是坐在电脑前分析一下数据回个邮件做个 PPT？让你上班站八个小时，看你下班后还有没有精力学习。"

"生活的惯性是很可怕的。"她说。

一开始，只是屈服于眼前的利益和轻松，选择了一份门槛低含金量也低的工作，然后在日复一日的简单重复中，一点点失去斗志和精力，随波逐流，得过且过，找一个跟自己差不多的伴侣，两个人一起陷在生活的泥潭里，想要向前挪一步，比登天还难。

生命依然在继续，生活却早已停滞了，停留在你无力改变的那个瞬间，往后的几十年，都是那一天的简单复制。

一纸大学文凭，不仅仅是敲开某个领域的敲门砖，更是人们摆脱生活惯性的一个出口。

享受更多的资源，认识更多的人，拥有更多的机会，摆脱之前那些碎片化的、短浅的甚至有些愚昧的观点。

有时候人生的岔口就是从一个机会开始的，然后越走越远，再也无法回头。

我那位女友所在的公司的司机患有严重的腰椎间盘突出，却连一天假也不敢请，因为只要休一天假，就意味着全勤奖和补助都泡了汤，收入折半，而家里还有要上学的女儿、没有工作的妻子和年逾七十的老母。

他可以跳到其他地方工作，但却无法摆脱司机的职业，从长途车换到公交车再换到商务车，所能做的只是在那狭小的缝隙里翻转挪腾。

那个男人开了二十多年的车，在一线城市里拿着四千出头的工资，每天除了八小时的正常工作之外，如有紧急采访，也必须随叫随到。

他花了自己两个月的工资给上初中的小女儿报了一个数学培训班，说："我一定要供她上大学，不是为了给我争气，只是想让她以后不必像我一样，只能被困在这一种人生里，动弹不得。”

这就是我为什么依然想要像个老古板一样劝你好好读书，劝你去考大学。并不是因为打工妹就比别人低贱卑微，也不是因为除了这一条路之外别无他处可去。而是我太清楚，一个连学习都嫌累的人，是很难咽下生活的苦的。

而那张文凭，那个机会，虽然许不了你飞黄腾达，至少能在你想要摆脱某种苦难的时候赋予你一点能力和资格，帮你推开一扇新的门，给你更多的机会，见识更大的世界。

一如我很喜欢的那句话：

对于绝大多数人而言，受教育不是为了站上顶峰，而是为了不跌入谷底。

别让生活把你困在二十几岁。

看不清脚下的时候，不妨踮起脚尖伸长脖子，努力向远处望去。

我们是如何一步步输光人生的

有位姐姐在群里给大家分享某网站的运营技巧，哪个时间点网站的流量最大，如何在状态中加标签提高传播度，如何参与热点活动以及如何获取推荐等等，参与者有上百人。

分享完十几分钟之后，她发了一条朋友圈：

有的人听完了立马去注册了帐号；有的人给我发了表示感谢的红包；有的人说，你都已经是大V了做起来容易，对我们这些小透明来讲，再用心也没人看。人和人的思维差距，从这种小事上就可见一斑。

我看着这条朋友圈心有戚戚，恨不得隔空点上32个赞。

曾经有位读者在后台留言给我，说自己从上一年开始也运营了一个公众号，可是做了一年，还是只有几个熟人粉，看到别人的运气那么好，随便开个公号就月入十万，既羡慕又嫉妒，失落得要命。

出于好奇，我专程去关注了他的公众号，翻看了一些历史文章，无一不是日记体的碎碎念，更新频率毫无章法，排版和配图五颜六色乱七八糟，文章的内容也毫无亮点可言。

冒着失去这位读者的风险，我还是狠心地回复他："你这个公众号，与月入十万的距离还真是有点儿远。"

他飞快地回答我："我知道，可是我忙啊。我可是要上班的人，哪有时间和精力跟他们一样，一整天全耗在电脑前？"

"那周末呢？年假总是有的吧？况且就算再忙，一周一篇或者一个月一篇也不难吧？"我又说。

他隔了一会儿回复我，带着点儿理直气壮的悲愤，说："可是写作这种事要靠天分啊，我爸妈没给我生一身的艺术细胞，我再努力，也不过是给别人垫脚而已。想想就觉得很绝望，注定翻不了身，又何必要努力呢。"

这话听起来耳熟，很像是知乎上那个热门的"阶层固化"的问题下面，很多十分悲观，或者说是十分客观的回答。

我们生活在一个阶层不断固化的时代，上升的通道越来越狭窄，80% 的资源向 20% 的人聚拢，一出生就落在后面的普通人，与精英之间隔着几辈子积累的天堑鸿沟。

很多回答中都弥漫着这样一股"无力回天"的味道，怏怏地感慨一声逆袭无望，再灌一碗似是而非的鸡汤说人生苦短多想无益，不如活在当下及时行乐。

我的小学妹将这个问题转发到了自己的朋友圈，配上一个笑哭的表情：

难怪我二十多年这么努力却还是碌碌无为，原来真的不怪我。

心理学中有这样一个理论：人是认知的吝啬鬼，当找到一个还算说得过去的理由之时，就会自动停止寻找更深层的原因，以节省自己的认知能力。

这是一种与生俱来的本能，唯一不同的是，有一些人可以在后天习得与这种本能博弈的能力，而那些无力挣脱本能的人，则会陷入恶性循环的吐槽模式：

A 创业成功，是因为他爸爸也是商界精英，人家基因好资源也好，而我不成功就是因为出身工薪阶层。

B 是平台大 V，但他也没什么了不起，不过就是赶上了好时机瓜分了前期资源罢了，要是我那时候就开始做，我也可以。

C 成绩优异，那是因为他父母都是老师，为人睿智开明，而我挂了科，都是因为运气不好，托生到了一个贫苦的农村家庭。

当一个人开始无条件地相信命运与阶级，他就无法再为自己的人生负责。

当他找到了替罪羊，就不再会反思自己是不是努力的方法不对、程度不够，而是感慨于命运的不公与起点的不平等。

即便是天降一副好牌，他也依然会作出一手好死，然后感慨：这都是命啊。

李笑来老师在文章里写过这样一个小故事：

他曾经在饭桌上跟一些人说："在今天这个时代里，普通人是可以通过书写获得财富自由的。"

当时就有人质疑，这事儿普通人做不到吧?

可是做到之后，就不是普通人了啊，他腹诽一声，十分感慨。所谓普通人，并不是因为起步的时候普通，而是因为他们"永远普通地活着"，这才成了所谓的普通人。

永远像那些碌碌无为的人一样思考，哪怕是有再不同凡响的愿望，也不可能有实现的机会。人不是因为生来不普通，才能想得不一样，其实恰恰相反，正是因为从一开始就想得不一样，才慢慢变成不那么普通的人。

就像在那个群里一同听讲的百来个人，有的人质疑观望，有的人凑热闹听完就忘，有的人立刻行动注册帐号开始模仿，有的人能够打磨出独特的风格自立门户。

一个人看待人生的方式，就是他的第二起点。

出身诚然无法改变，但每个人至少还有一次机会，通过改变思维方式来改变自己生活的那个世界。

《成功，动机与目标》一书中，将人的心智模式划分为"成长型"

和“僵化型”。

具有成长型心智模式的人，相信人的能力、性格乃至生活轨道都是可以改变的，所以他们往往愿意花大量的时间和精力来雕琢自己的人生，取长补短，不断学习，始终对新鲜的事物抱有强烈的好奇心，遇事不抱怨命运，也很少盲目攀比，他们关心的是自己的不足。

相反，人的心智模式一旦僵化，就会将自己生活中的过错一股脑地推给命运，将之当作一个强大的假想敌，又在一次次的畏缩和失败中，一步步坚信人生由天定的观念，看不到前路和未来，抓不住契机和转机，满眼只剩人生的不公平。

没有谁是在一开始就一败涂地的，我们往往是在不经意间一步步地输光了自己。

与其说我们生活在不同的世界里，还不如说我们是生活在对这个世界不同的理解里。你如何理解，就如何行动，你如何思考，就如何生活。

第一种人创造，第二种人学习，第三种人质疑，而最后一种人，他们活在自暴自弃式的漠不关心里，坚信命格运簿皆由天定，也懒得为了更好的生活做出一丝一毫的努力。

你就是你的未来，请按照自己的未来去活，别只是盯着当下，也别总是抓着过去。

别放任自己，一步步输在人生里。

你也是那个不愿
给别人添麻烦的人吗？

我第一次从父母那儿体会到“不要给别人添麻烦”的言传身教，大概是在十三四岁的时候。

那是他们带我去一位战友家做客，那位叔叔住得很远，坐公交车过去要花将近两个小时，妈妈特意提前告诉我：“明天要早一个小时起床，中午跟叔叔一起吃饭。”

那会儿大概是三九天，空气又湿又冷，即便是到了九点多，天空中依然布满了湿漉漉的水汽。我在睡得正酣之际被强行叫醒，被北风吹得又冷又饿，一肚子烦躁，老大不高兴地问我妈：“为什么要我们提前出发？他们就不能晚一个小时开饭等等我们吗？”

“当然能，但自己可以克服的事情，为什么要给人家添麻烦？”我妈特别郑重地说，“你以后也要记住，自己能做的小事，就不要随便麻烦别人。”

我的家里一向开明，父母并不常常说出这种郑重其事的教导，而我之所以记得如此清楚，大概也是因为那天冻得太惨，患上了十几年来最严重的一场感冒。

我果然如父母所愿，长成了那个不愿给别人添麻烦的人。比起我妹妹可以轻易地说出“你一会儿到学校门口帮我取个快递吧”“你帮我买盒酸奶吧”或是“你今天帮我签个到好不好”这种带着点儿撒娇的拜托，我大概称得上是一个很标准的“好孩子”。

“好”到什么程度呢？

大概就是哪怕在一个问题上困扰一个小时，也不愿开口打扰忙碌的另一个人。

宁愿自己跑两趟倒三次车，也不好意思拜托别人帮我去取一张票，哪怕那个地方距离他只有十几分钟的路程。

小区里电缆大修，宁愿在停电的小屋里摸黑生活，也不愿开口问问朋友，能不能在对方家里借住两天。

说这些并不是因为我觉得自己有多好，或者是为自己的这种“品德”感到骄傲或自豪，恰恰相反，很多时候反而觉得，正是因为不愿意给别人添麻烦，所以才给自己平添了很多麻烦。

别人随便问一句就能解决的事，我要花更长的时间自己思索；别人打个电话两句拜托就可以解决的小事，我要花费更多的精力自己去做；身边的朋友因为我从未掏心掏肺地向他们诉过苦，觉得我不够意思不愿交心。

我最好的女友就曾直言不讳地埋怨我："你知不知道你这个样子，总让我觉得你是个外人？你从不来麻烦我，那我遇到点儿什么事，又怎么好意思来找你？"

人情本就是相互亏欠，才能够彼此挂念，有时候我也不是自己不能做，一定要麻烦你的呀，只不过是想借某件小事，让你想起我。

其实生活中更多的困扰并不是来自于很亲密的那几个人，而是来自于某些你不愿意麻烦却总会不请自来地麻烦你的人。

"待会儿顺便帮我打壶水。"

"下周要去旅游，帮我喂一周宠物吧。"

"今天下午有点儿事，你能不能帮我把这些卷子送去教学楼？"

……

他们轻松地说着这些拜托，好像在陈述一个天气现象一般轻描淡写，丝毫不觉得会给别人造成什么困扰。而我常常不好意思当面拒绝，心不甘情不愿地帮了对方之后，也很难获得那种"送人玫瑰手有余香"的满足，反而是很烦躁。

好像是自己最心爱的那片沙滩，被别人随意地丢了满地的垃圾。

我开始怀疑自己一贯坚持的价值观到底是不是正确的，直到有次实习的时候，因为工作去约访一位前辈。

早在见面之前就已经听说了他极其守时的习惯，我特意提前一个小时出门，可是好巧不巧，偏偏赶上高架桥上三车追尾堵成的大长龙，出租车堵在半道动弹不得。等我紧赶慢赶地到了约定的地点时，还是迟到了半小时。

虽然提前给他打了电话说明情况，心中还是无比忐忑，初次见面就迟到本就不应该，更何况坐在对面等我的还是素来以“尊重时间”为原则的前辈。

没有意想中的黑脸或是斥责，他面色平和地坐在那儿翻着一本书，在我第四次向他道歉的时候，他终于忍不住笑了，问我：

“你是听他们说我很守时，所以才这么紧张对吗？我是很守时，但只针对自己，从来不要求他人。”

他说：“若对方能准时，那最好，若不能也没关系，我一个人看会儿书，也不算浪费时间。”

“那岂不是很吃亏？”我忍不住问。

“年轻的时候遇到那些不守时的人也很生气，可是慢慢地就想通了，我只要对得起自己就行，只要我自己不迟到，就不会愧疚，至于别人怎么看待自己的时间，那是他们的事。”他笑笑，眨了眨眼睛，“有些东西虽然是很好的，但也只能用来要求自己，不能用于约束他人。”

有一期《奇葩说》的辩题是“不给别人添麻烦，到底是不是一种美德”，嘉宾苏有朋和导师蔡康永分别在辩题中定义了两个重点，一是“别人”，一是“界限”。

谁是自己人，谁是别人；什么是过度，什么又是合宜；什么是举手之劳，什么是真正的麻烦。

但我们并不是生来就懂得这些的啊。

正是因为试探者和保守者的同时存在，我们才能享有一个有规则有底线，但也有人情有温度的社会。

前者是生活的常态，而后者却是我们在精疲力尽或是走投无路之时可以去寻求的安慰与依靠。

所以有时才会觉得很庆幸，还好这世界并不仅仅是由像我这样“不愿给别人添麻烦”的人组成。我们像是躲在自己的小屋里与世隔绝的人，而只有有人来敲我们的门讨一口水或聊一会儿天的时候，才能将我们从自给自足的孤岛上拉出来，融入那个更大的世界。

接受他人与自己的不同是我们一生中极其重要的功课，但在尊重别人的同时，也依然要坚持做自己。

正如蔡康永在结辩时说的那句话：拥有美德，不一定会让你生活得更好，但你终究会因为拥有它而得到宁静。

Part 2
阿修罗卸甲于你熄灭光芒的那一刻

女孩子的美，从来都不在于脸上有妆，而是眼里有光。无论在哪个年龄，无论是什么处境，永远留出一只眼睛看向自己，让自己不断地变得更好，比昨天，比去年。那是保持魅力的唯一秘密。

阿修罗卸甲于你熄灭光芒的那一刻

我还在实习的那年，有天项目组为一位前辈秘密筹备了一个小型的生日 party。我们几个女孩子被安排的任务是用各种借口缠住她不让她进去，几个男生负责布置现场。

负责点蜡烛的是最不解风情的技术男，一丝不苟地在蛋糕上等距地插好了九根蜡烛，里面三根，外面六根。前辈推门一眼便看到了蛋糕上的蜡烛，脸色微变，连忙让举着手机拍照的大家都停下。她将里面的两根取出来，小心翼翼地插在外围，长舒了一口气。

“我永远都十八岁，最年轻最美丽最值钱的年龄，你们可不能笑话我。”她说。

大家吃完闹完准备离开时，我在洗手间碰到她。她定定地站在镜子前面，神情落寞，用力抻着眼角无论用多昂贵的化妆品都挡不住的鱼尾纹，有点儿尴尬地冲我笑笑。

“你笑我自欺欺人吧？女人过了三十岁就最怕过生日，过了一年又一年，要操心的事越来越多，自己却越来越老，人生也随之一点点地失控。”她叹了口气，“你还小呢，这些话要等你过了二十五岁才能懂。”

那时我才刚满二十一，觉得那不过是一个女人对朱颜辞镜花辞树的感慨，并没有放在心上。

去年过年的时候参加中学同学聚会，寒暄过后男生们聊起了职位薪资，而女同学们则不可免俗地聊起了恋爱家庭，坐在我身边的班花小音则成为了重点讨论对象。

女同学们轮番上阵，劝她赶快找个人恋爱结婚，从降低生活成本讲到高龄产妇的危害，就在她第三次委婉地拒绝她们“我帮你介绍一个男朋友吧”的提议时，终于有人使出了撒手锏。

“小音啊，咱们都不年轻了，我跟你说，女生一过二十五就直线贬值，就像是最新鲜的果蔬一下便成了临期食品，趁现在还有点儿资本的时候不要太挑了，年轻的姑娘一波儿接一波儿地上架，我们这个年龄还有什么魅力？我这也是为你好才跟你说这些，你真的要留点儿心啊，你现在不急，再过两年后悔可就来不及了。”

附和的人数之多，让我有些吃惊。

口口声声提倡男女平等的这些姑娘，却不由自主地将自己当作任人挑拣的货物，为自己的保质期担忧着，着急找一个下家为自己买单。

散伙之后，我和小音同路回家，聊起这几年发生的事。

她毕业之后在一家有名的报社做了记者，跑了两年本地，因为表现优异和英语口语流利被调到了国际部，出差的机会很多，每个月几乎有三分之一的时间都在东奔西跑。每天无论多忙，她都会给自己留出健身和阅读的时间，用自己的积蓄交了一间小公寓的首付并买了车。

她比上学的时候黑了些，眉目间也不复当年的楚楚，可却平添了一份从容和潇洒。我们在路边找了家咖啡厅接着聊天，她说：

“以前觉得对女孩子来讲，恋爱成家是最重要的任务，变老变丑就是人生最可怕的事。可是经历了一些事情之后，才发现生活比我们想象的更博大，时间会带走很多东西，但也一定有所馈赠。

“什么女人过了二十五就不值钱，对我来讲，从来都没有什么最好的年龄，跟添几道皱纹多几笔沧桑比，每一年都把自己活得丰盛美满，这才是生活的意义。”

亦舒的小说《阿修罗》中，少女吴珉珉有着阿修罗般的神奇能力，凡不被她所喜之人必然遭殃，她年轻美丽而又敏感忧郁，所有与她相识的男人都难以抵抗她的魅力。

就是这样的吴珉珉，在结婚之后做了家庭主妇，变成了一个纯粹的小妇人。她在日复一日的家务中变得臃肿庸俗，那个她年轻时不屑一顾的男孩子，变成了她生命中的主心骨。

她不再是阿修罗了，有更年轻的女孩子挑衅一般地找上门来寻找她的丈夫，亦舒借吴珉珉之口感叹着青春的易逝："我们的法力随青春逝去，之后就是一个普通人了，谁还在乎我们是否会受伤，有无喜乐，我们已经成年，被贬落凡间在红尘中打滚。"

没有了年轻的资本，连生活都平添波折。这或许就是很多女孩子畏惧岁月的一大原因吧。

我曾经跟一位姐姐聊天，她的老公在一家时尚类杂志公司上班，公司每年都会招聘大量的毕业生，那些鲜嫩欲滴、莺啼婉转的女孩子一波又一波地来到他的手下实习，我打趣她："你怎么这么放心？任他在女大学生堆里工作，你就没有一丝危机感？"

她哈哈大笑："他若是真要变心，在哪儿工作都会变，那何不找个美女成堆的地方，最不济还能养养眼。"

她有自己的公司，虽然不大，但也做得顺风顺水。她有自己的生活节奏，当他加班或者出差之时，她也在忙着练习厨艺，学习英语和插花。

岁月对谁都是残忍的，她那年三十三岁，笑起来的时候眼角有了细纹，身材也不复年轻时那般美好，不再是那个让男人一眼看上去就会荷尔蒙狂飙的热辣美女，可那通身的从容与温润，言谈中的诙谐和优雅，让她像一颗打磨了许久的珍珠，那是非岁月不能给予的惠赠。

一个女人是从哪一刻开始贬值的？不是二十九岁的最后一天，不是嫁为人妇做了妈妈的第一天，而是她熄灭光芒，随波逐流，畏首畏尾，自暴自弃的那一刻。

“女孩子的美，从来都不在于脸上有妆，而是眼里有光。无论在哪个年龄，无论是什么处境，永远留出一只眼睛看向自己，让自己不断地变得更好，比昨天，比去年。那是保持魅力的唯一秘密。”那位姐姐这样告诉我。

女孩子的魅力，不在于年纪，而在于底气。容颜会衰老，身材会变化，但灵魂会生出新的美丽。

让自己活得丰富多彩、有滋有味，才是抵御岁月最好的武器。

我的二十几岁真的糟透了！

学妹发微信跟我吐槽，语气丧得要命。

她因为弄错了一个数据被老板骂得狗血淋头，灰头土脸地加班到九点多，刚出电梯就发现自己的高跟鞋鞋带断了，一步一歪地蹭到门口，正巧遇到同一层相邻公司的男神。

他的车正缓慢地开出车库，并没像电视剧中那般停下来对她嘘寒问暖，反倒在那个夏天的夜晚，送了她一脸的汽车尾气和一个扬长离去的背影。

那背影成为压垮她斗志的最后一根稻草，她委屈地细数了自己入职以来种种的不顺心：

这是家由家族企业转型的公司，裙带关系盘根错节，她入职了大半年，既没做出什么出色的业绩，也没学会撒娇卖萌讨老板欢心，工作压力大，也看不到什么前途。

我安慰她：“实在不行熬满一年就跳槽吧。”

她立马回复我两个大哭的表情：“可是我要跳到哪儿去呢？我一没技能二没经验，连自己喜欢什么，想往哪个方向发展都不知道。”

“人家都说二十出头是一个人生命中最美好的时光，可为什么我却觉得我的二十几岁真的糟透了呢？”她问我。

托我爸妈的福，我从小对世界的初步认知是在琼瑶的言情小说和金庸的武侠小说中形成的。以为这世界上二十多岁的年轻人，过的不外乎爱来爱去又打来打去的生活。

善良纯洁的姑娘总能获得才貌双全的男主的青睐，路见不平拔刀相助总能收获一两个肝胆相照的好友，而每每到了遭遇危难的时刻，也自会有前辈高人出现将武艺剑招一一传授。

可我的二十岁，却是忙着奔跑于图书馆和教室，绞尽脑汁地应付枯燥而又变态的法语考试和语言学，并没有如自己意想之中那样跟舍友结成华山七侠女。人与人之间的习惯与价值观天差地别，最多也不过是保持体面的泛泛之交。

二十一岁开始实习，每天最早来也最晚走，却因为是个小白而拿着最微薄的薪水，连生活费还需要家里补贴。路过专卖店看到好看的裙子，只能狠狠地叹一口气，对自己说：“等老娘有钱了，一定把你买走。”

出于善心，陷入了人生中第一场骗局被偷走了手机，去报案登记的时候民警看着我叹气：“小姑娘看起来挺机灵的，怎么还上这种当。”

说好的努力就够了呢？说好的善良就会有好报呢？

而这才仅仅是二十几岁的开端。

匆匆忙忙地毕了业，开始了职场小白的漫长征程。捅过不少篓子，挨过许多骂，赶过凌晨六点的公交车，被使过绊子也背过黑锅，很努力才能换来前辈的指点，从未偶遇过将一身内力倾囊相授的世外高人。

不仅没有像书中的女主角一般被爱救赎，反而发现爱情本身就足以让人头疼。

纠结完他爱我、他不爱我、他有多爱我和他能爱我多久的哲学问题之后，还要应对躲在生活深处的鸡毛蒜皮。恋爱不是每天喝茶、吃饭、说说情话、念念情诗，还有无数有关付出和责任、委屈与纠结的大事小事。

二十几岁从来都不是我们人生中最美好的年龄。

那时我们最穷，却什么都渴望；最孤单，却又不懂得如何获得理解。

那时我们最敏感脆弱，却又最缺乏自知之明；最祈盼爱情，但又不知如何处理感情。

那时我们不知道自己喜欢什么，却又怕选什么都是错；最迷茫，却最不安心；最有野心，却最没能力。

爱错过人，入错过行，吃过不少苦头，咽下许多孤独，这才是我们二十几岁的生活。

没有人一开始就是完美无瑕的女王，也没有谁一直都是无忧无虑的公主，时光迟早会把你拖进烦恼的丛林，然后潇洒地打个响指：欢迎来到现实世界。

而我们在二十几岁要面对的最大的危险，其实并不是来自于生活的艰辛、职场的风波和友谊的不易，而是来自于那些“过来人”的耳提面命：

学习两小时不如化妆五分钟；

女孩子这么拼有什么用，将来还不是要嫁人的；

趁还年轻，赶快找对象结婚，过了二十八岁可就难嫁了……

看似金玉良言的提点，却是比明枪暗箭更大的恶意，它告诉你努力是徒劳的，青春是用来兑现的，而婚姻是一个女人唯一的归宿，反正学得好不如嫁得好。

出于好心或者歹意，她们劝你走上生活的捷径，向你许诺一帆风顺。可是一个人虽然能逃得过二十几岁的苦，却无法逃脱人生。

我的二十几岁也很艰辛，昨天是，今天是，或许明天还是，但我却从未后悔经历过这样的坎坷。

因为深知时光不会停留在二十几岁，所以不敢将自己的人生过早地托付于他人。

明白这世界上没有什么比自己创造来的更踏实稳定，因而不敢放任自己的双脚离地，活在别人建造的梦幻泡泡里。

正因为懂得感情从来不是一成不变的，所以才不想做那个光芒尽失的阿修罗，让自己沉溺于任何一个温存的怀抱。

二十几岁时经历过的所有挫折，都是为了在不远的将来不再重复人生的坎坷。

我们的二十几岁很糟糕，但它不会永远都这样糟糕下去。而今天你经历的所有糟糕，原本就是来日换取扬眉吐气的资本。

没有谁生来就是自信优雅又活色生香的，所有美好的背后，都藏匿着无数的糟糕，咬着牙熬过这一段，你才能长成自己一直羡慕的她们的模样。

一点点学会处变不惊，学会不动声色，获得游弋于危险丛林并自得其乐的能力，你就会慢慢懂得如何与自己的孤独作伴，也逐渐能够承担爱情的重量。

爱过，错过，试过，努力过，别怕难，也别怕错。

你们总标榜有趣，知道有趣多贵吗？

有个读者加了我的微信，深夜留言给我：“最近看了好几个公众号的推文，都是有关有趣的，可是有趣真的有那么容易吗？买书、旅游、学外语、学贵族活动，哪个不需要钱和时间啊。”

类似的话，几个月前认识的一个小姑娘也跟我说过。

她还在上大学，由于家庭条件不是很好，她一上大学就开始做兼职，每天除了上课做作业就是干活儿，连寒暑假也没有闲过。

“人家用来看书的时间，我要打工；人家用来旅游的钱，我要交学费。每天回到宿舍，累得只想睡觉，什么自我提升，什么社团竞赛，对我来说都是奢侈品。”

我认识她好几年，看着她从大一一直到大四，兼职得来的薪水翻了近乎三倍，甚至跟刚入职的小白领相比也不相上下，而她依然这么告诉我："我没时间考虑其他的事，我还得挣钱呢，多挣点儿钱在手上才能安心。"

"有趣很好，可那太贵了，我过不起。"她这样说。

计算"有趣的代价"时，我想起了一位朋友讲过的事。

我的那位朋友自己创业成功之后，心血来潮，筹备了一个小型的公益项目：每周末在市区里办免费的英语培训班。开始的时候回回爆满，可是三个月没到，还在坚持的人只剩下一半还不到。

她着急上火，专程找了几个当老师的朋友反复询问："是不是我们的课程设计不合理？或者是老师的风格问题？应该怎么样调整才更好？"

有个朋友在群里回复她："不是你们的问题，是生源问题，报名的人是不是普遍学历都不高？"

她肯定之后，有点儿不高兴地回复："学历不高就不能进步了吗？现在社会上的英语班学费动辄上万，我本来就是想要给这些付不起高学费的人一个认识新鲜事物的机会，让他们知道，更好的生活其实也没那么困难和昂贵。"

她一直对自己的想法坚信不疑，直到有个小姑娘来跟她告别："姐姐，下周起我就不来了，你这个班真的很好，即使我没办法参加，也希望你可以一直办下去。"

那个姑娘初中毕业，在当地一家工厂的流水线上做工，底薪很低，全靠计件提成，为了来上课，她已经连续好几周在周末加班的时候跟同事调班了。她说："我来上课虽然不花钱，但是我每来一次，就要损失好几十块，工友们都说我傻，学几句洋文又不能当饭吃。"

我这位朋友跟我讲起这件事，长叹一声："我现在终于知道，为什么当初群里的 ××× 说是学历问题了。大多数情况下，学历越低的人选择越少，也越看重眼前的利益，她们身边的人都是差不多水平的人，不仅不会给他们助力，有时候还会泼冷水。"

"平心而论，如果我处在她的位置上，也不太可能坚持下去。"她说。

塞德希尔·穆来纳森在《稀缺》一书中，提出了"带宽"的概念：

带宽（bandwidth）就是心智的容量，包括认知能力和执行控制力。而稀缺会降低所有这些带宽的容量，削弱我们的洞察力和执行控制力。

在长期性的资源（钱、时间）稀缺中，人们已经形成了"管窥"之见，只能看到"管子"之中的事物。虽然这可以带来短期的富裕或效率，但是从长远来看，这种"专心致志"反而会不断增加我们的带宽负担，让我们只关注眼前而无视未来，被稀缺俘获，变得更加愚笨和冲动。

变成一个有趣的人也好，过上质量更高的生活也罢，两者都很昂贵，但这昂贵并不是明码标价，也不是真金白银或是大把的空闲时间。它真正的昂贵之处在于，在物质资源稀缺的前提下，你是否能守护好自己的带宽。

斯坦福大学著名的棉花糖实验，无时无刻不发生在现实生活中。眼前的利益与长足的进步往往不能兼得，有时甚至更加残酷，你根本无法确定，死撑着不去碰面前的这块棉花糖，是会得到两块还是会竹篮打水一场空。

面对这种未知结果之时，你是愿意将就于眼下还是兼顾未来，这才是最金贵的决定。诚然，你不必为了“有趣”就辞职体验生活，但无论如何，每天抽出半个小时读书，也未必不是一种开阔。

你或许没有钱周游世界，但即便是选择一条不同的路回家，又何尝不是一种尝新。

你或许无法一掷千金，买一套珍藏版的世界名著放在家里，但是一周抽出几个小时逛逛图书馆，也并不是不可能。

你或许永远不会骑马，不会打高尔夫，不会讲七门外语也没有学富五车，但即便是买一束十块钱的花自己慢慢插好，用一块钱买来的荷叶来焖着米饭，将秋天公园里的落叶剪成不同的形状做成书签，也是对无趣的生活的一种突破。

那些以“没钱”和“没时间”为借口而拒绝有趣的人，他们拒绝的哪里仅仅是有趣而已啊。他们早早地就将自己的带宽收缩到最窄，窄到只见点而不见面，只见今天而不见以后。

他们只顾着生存，却早已放弃了生活。

不想活成谁口中的“应该女人”，只想做个独一无二的女生

去年有一次跟朋友们相约吃饭，八卦时不知怎么聊到了沈梦辰，有位男同学十分感慨，说：“真不知道她是怎么想的，明明是腿长腰细颜值高的女神人设，安安静静地做个美少女不好吗？偏偏总是要叉着腿吃小龙虾，半夜翻墙假装女汉子，反而崩了形象。”

散席之后，系花小 H 跟我同路回家，没头没脑地来了句：“其实我挺能理解沈梦辰的。”她那双黑莹莹的杏仁眼望着我，叹了口气，“有时候觉得，这社会对长得好看的女生真的一点都不宽容。”

无视我抛去的白眼，她讲起了自己毕业之后在公司遇到的事。

明明同样是过了两轮笔试三轮面试，却只有她被认为是走后门靠刷脸才进了公司。

明明同样是连轴转超负荷加班做分析跟客户谈判，别人拿下了合同是真才实学，可她却总是被说是用了美人计。

公司里的女同事甚至会用嫉妒轻蔑的语气“夸奖”她：“小 H 啊，你爸妈给你这副样貌，还真是天生做销售的料啊。”

她并不是十分热络的性格，又因为如此被她们打上了“高傲”的标签，就连同期进来的几个新同事也都在这种暗涌中跟她越来越疏远。

让这事件发生转机的，并不是什么大事。

有天办公室里的桶装水喝完了，而男同事们刚好都不在办公室里，她便自己打开了一桶水，像在家里那样轻松地装了上去。这场景刚好被一位同事看到，于是连连赞叹：“小 H 啊，没想到你瘦瘦弱弱的，力气还挺大的。”

她简单地应了一声：“我在家里也都是自己换。”

对方对她露出了一个友善的微笑，说：“以前没看出来，你还挺可爱的嘛。”

“其实后来我也没想通，就这么一件事，她是怎么看出来我可爱的？”她说。但无论如何，同事们对她的态度却缓和了很多，甚至还给她起了外号，叫她女汉子、怪力神。

她意识到气氛的转变，也逐渐开始有意识、违心地扮演她们喜欢的那个大大咧咧不修边幅的女汉子：开一些无伤大雅的玩笑，讲话配上丰富的面部表情，用最大的海碗吃牛肉面，爬山的时候连报纸都不垫，直接席地而坐。

你知道吗，比起姿色平平的人，其实长得好看的人需要应付更多的恶意。

你温柔和善，她们说你是假装清纯的白莲婊；

你与世无争，她们说你是胸大无脑的花瓶；

你锋芒毕露，她们说你身无长物只能靠着姿色博上位。

你除了做个女汉子来讨好她们之外，没有其他选择。

她说："我也没想到自己有一天会去扮演另一个人，或许只有这样，才能证明自己除了长相之外还有其他优点，才能不那么被人讨厌。"

被女人讨厌。

我知道她那句没说出口的潜台词，想起了另一个姐姐跟我说过的故事。

她今年三十二岁，依然单身，申请了公司的外派项目去非洲赴任，意向书直接被上司压下，苦口婆心地劝她："你都三十二岁了，再出去几年，回来哪儿还能嫁得出去。趁着还年轻多参加一些相亲活动，别一颗心都扑在工作上。你现在还不懂，等到了被别人看笑话的时候，后悔都来不及。"

怎么能不懂呢？

那是无论她单打独斗取得了什么样的成就，都可以被一句"可是你单身啊”完败的沮丧；

那是无论她画了多精致的妆容，都会被女同事们调侃“可是你又没男朋友”的失落；

那是无论她过得多么充实洒脱又忙碌，别人提起她的时候总会感慨一声“哦，那个三十二岁还没嫁出去的老姑娘啊”的遗憾。

这就是女性世界里的吊诡逻辑，口口声声要独立要自由要平等，而一个女人的优秀，却总是要靠她身边的男人来证明。

她最终还是坚持了外派，去了遥远的南非，一待就是三年。有次聊天的时候我问她：“你后悔过吗？”

“不后悔。”她答得飞快，“这里虽然没有北上广那么繁华，但唯有一点好处，没有人关心我为什么不结婚。”

“我知道婚姻是个很好的东西，可我偏不想做那个‘应该结婚’的人，我谁也不想做，只想做我自己。”她这样说。

对女孩子来讲，在这个社会里生存从来都是很艰难的。

女孩子们过得那样不自由，并不仅仅是由于男女权力的不平等，更多的，是女性之间的不宽容。

我们都听惯了这样的洗脑：

“女孩子就应该温柔似水。”

“女孩子就应该早点儿结婚。”

“女孩子事业心不要那么重，家庭第一。”

同时还得面对类似的猜忌：

“她有什么本事，还不是靠刷脸吗？”

“她整天假装清纯穿白裙子留直长发，绝对是个绿茶。”

“你看她文身抽烟穿低胸抹浓妆，一看就不是正经人家的姑娘。”

这世上总有一些人无法理解真正的开放、自由、平等和尊重，而这些人口口声声地跟你站在同一个向往平等和自由的队伍中，却比一千一万个直男癌还可怕。

她们用自己的价值观和揣测来制作出“应该女人”的模板，并以此作为武器，去攻击那些跟自己不一样的人。

更可怕的是，那些被打压和围剿到精疲力竭的人，久而久之，便也开始用别人的眼光来钳制自己。心甘情愿地交出自由及自我之后，也摇身一变，加入了“主流价值观”的大军。

从来就没有“女生应该有的样子”，千人千面，如你如我，每个人都是不可复制的存在，千差万别。

从来就没有“女人都应该这样生活”，每个人都有权利去选择自己的人生，去体会不一样的酸甜苦辣，构成世间百态。

你只能成为你自己，那才是通向幸福的唯一途径。

没有人能决定你是谁，也没有人有权利决定你应该去过怎样的生活。

做个独一无二的女生，就是你给自己最好的礼物。

工作结婚 =独立自由?

前几天有个小朋友找我聊天，十分郁闷地问我："不是说经济独立之后就能自由一点的吗？为什么我已经可以上班赚钱了，还得被父母唠叨？"

事情的起因是她养的小仓鼠趁人不备逃出了笼子，爸妈担心仓鼠咬坏东西，当着客人的面吼了她几句，她面子里子都挂不住，于是索性怼了回去："咬坏了我赔你啊。"

然后换来更高分贝的责备："你还能耐了是不是？"最后发展成一场泪水与怒骂交织的争执。

她丧气地说："现在不用家里人给钱了，每个月发了工资还会给他们红包，为什么还是一点话语权都没有，处处受管制？"

正巧，我的另一位朋友刚刚有了宝宝，也跟我吐槽了家里的事。

老公丝毫没有做爸爸的意识，还是像平时一样下了班就去跟同事打球喝酒，做家务可以请月嫂，可照顾孩子总不能假手他人。各种抱怨和暗示无果，在又一个周末他准备出门时，她终于发了飙：孩子又不是我一个人的，凭什么你当甩手掌柜让我累死累活？过不下去离婚算了，反正我也不靠你养活。

她老公被骂蒙了，乖乖地待在家里陪了她两天，可还没到一个月，便又故态复萌。

“我总不能每天都发一次火吧？不仅他会烦，我也受不了这样的自己。”说罢长叹一声，“他为什么就不能自觉地有点当爸爸的觉悟呢？你看我，从少女切换到妈妈多么顺畅啊。”

我在同一天听到了这两件事，隐约觉得其中有什么关联之处，却久久没有头绪，直到那天我带的实习生主动来找我聊天。

他将自己写在笔记本上的职业规划递给我看，明确地表达了自己希望留在公司，前两年学习一些项目运营的工作，第三年希望可以过渡到市场部门，做一些前端的拓展工作。因为他觉得自己的优点在于与人沟通而不是数据分析，在与人交往比较密切的岗位上可能会有更好的发展。

虽说是他来寻求我的建议，对我来讲，又何尝不是松了一口气。

实习生们统一培训结束后会被分到各个部门，除了经理来挑人之外，也会询问实习生们自己的意向。绝大多数的人都会懵懂又羞涩地说“随便”，然而工作一段时间之后，往往又会发现目前的岗位并不适合自己，效率低下不说，自己也十分痛苦。

每个人都知道自己的优势和劣势，但并不是每个人都有勇气表达自己的意愿。

我先跟你沟通，如果可以那就最好，如果不可以，我至少也尽力了，总比等着你去猜来得简单有效。

在他说完的那一瞬间，我忽然意识到了前面两件事中，两人的问题所在。

她们像是圆规一样，画完了自己的圆就停留在原地不动，但人与人的交际往往是齿轮式的互动模式，他人的节奏也许要比你本身慢上一两拍甚至更多，想要达到更好的状态，我们还需要去推动身边的“重要他人”去适应，并开始同样的转变。

经济独立，结婚育儿，只是年龄渐长的必然过程，而心智的成熟与开放，才是衡量成长的唯一标准。

总是站在原地束手无策地抱怨，或是干脆以“我搬走以后不回家了”“要不离婚”之类赌气的要挟来逃离，都是非常孩子气的做法，把握好自己的主动权，去引导关系的调整，才更重要。

人生而追求自由，但最缺的往往却是认同感，这两者的博弈始终贯穿着我们的一生。这在原生家庭的生活中尤其明显，孩子早已习惯了从父母的身上获取认同和鼓励，一遇到反对和否定，就容易变得特别消极，或者干脆奓毛反击。

如何为这一模式建立界限，是走向独立需要考虑的第一件事。

生活中有哪些事是你愿意牺牲一点自由来换取认同感的？比如早晚餐吃什么，家里的绿植如何摆放。

又有哪些是你宁愿不被认同，也不愿妥协放弃的？比如找什么工作，跟什么人共度一生。

梳理清自己的界限之后，才能用更明确的态度去对待他人。

其次，则是话术与情绪控制问题。

我们总是想当然地认为，愤怒的态度可以表达自己所有的不满，解决所有的问题。可现实往往是，一旦对话的双方有一个人先陷入愤怒的泥潭，就会很容易把另一方也拉下去，将一次沟通变为一场毫无理智的指责。

亲子关系如是，婚姻关系亦如是。

而成长很有趣的一点就是，它会赋予我们更多解决问题的武器。发火解决不了的问题，撒娇往往可以；指责解决不了的问题，拜托往往可以。

撒娇说一句："是啊，万一它咬坏了衣服可就麻烦了，那你们也帮我找吧，你们找东西可比我厉害多了。"

心平气和地拜托对方："今天你能不能帮我照顾一下孩子？我也想有一天可以休息。"

如何在不同的话术和不同的模式之间切换，那是你的主动权，而长大成人就意味着，你可以越来越多地占据这种主动权，不再被动地将希望寄托于他人的“良心发现”，不再将愤怒当作自己手中唯一的大锤，去迎向每一个钉子。

我很喜欢的日本作家山本文绪就写过这样的一句话：

长大成人，绝不是不要依赖他人，一个人活下去，所谓的自立就是同他人，同随着岁月变得不同以往的他人构建起让自己心情舒畅的人际关系。

别让自己永远陷入被动的等待，等待他人来发现你的变化，等待他人来满足你的要求。

去引导，去争取，去改变。

这才是成长教会我们的事。

活得漂亮，也要耐脏

我妹妹上大四那年，以一个实习生的身份参加人生中第一次行业酒会。

她早早地就给自己挑选好一件漂亮的小晚礼服，配上一双白色细带的高跟鞋，连丸子头的发型和甜美的夏日风妆容都演练了许多回。

兴高采烈地出了门，回来的时候却有些不开心的样子。她语调怏怏地跟爸妈汇报完酒会的情况，便一头扎进我的书房："为什么酒会是这样的？跟我同期的那些实习生都拼了命地往老板身边凑，讨好完老板，讨好部门主管和副主管，她们还叫我一起……"

"那说明她们对你还不错啊，居然还叫你一起。"我说。

可她却长长地叹了口气，用那种看老年人的眼神看着我：

“酒会不该是这样的啊，难道不应该像电视剧上那样，俊男靓女觥筹交错，穿着华丽的公主遇到白马王子，一见钟情然后牵手离场吗？”

“那不是酒会，那是非诚勿扰……”我一脸黑线。

她不理我，继续丧气地叹着气：“我真想去读研究生了，社会好黑暗，连个酒会都不能好好玩儿，搞得那么复杂，真没意思。”

我认识一个小姑娘，毕业之后在当地的一家报社做记者。她屡次跟主编发生冲突，原因几乎如出一辙：那些出自她笔下锋利的指责和揭露，都被主编用更圆滑，当然，看上去也更像是官话的语言替换了下来。

试用期还没结束她就辞了职，只留下一句话：“我就要做一个干干净净的人，要到一个干净的地方去。”

她的主编与我也是旧识，一次吃饭的时候提起这个姑娘，有点儿惋惜地说：“我只是帮她改得委婉一点，她要是到其他地方去，可能都见不了报。这世界上哪儿有真正干净的地方，她那个非黑即白的价值观，恐怕今后会吃亏啊。”

小姑娘的第二份工作是在一家企业里做秘书，除了公务之外，有时也需要帮老板打理一些私事，她离职的时候沮丧地约我吃饭：“我以为我的老板是个好人，可是他……他居然养小三儿。”

我失笑：“他一没潜规则公司里的自己人，二没影响工作效率，人家的情感生活又关你什么事？”

她红着眼睛吐出一句话："可我嫌他脏，整个公司都是脏的，我一分钟也待不下去了。"

回想起我刚毕业的时候，好像也是这副模样，眼里容不得沙子，对一切不按光明规则行事的人深恶痛绝。可是人行走在这世间，即便是不经意也会带上许多尘土，哪里有一尘不染的人呢？

对"人际洁净"的过分渴求，会将一个人困在最小的生活半径之内，跟最少的人打交道，做最少的事，用隔绝的方式来保持自我。

但你无法一辈子都躲在孤岛里，有人的地方，就有江湖。

小的时候看历史，总会对那些动辄以死证清白，口口声声喊着"文死谏武死战"的人心生敬佩，觉得人生就是这般的非黑即白、对错分明，要么得到所有，要么毁灭一切。可是越长大，便越会欣赏那些可以忍得一时脏，以图今后的人。

完全不懂世故的人，与太懂世故的人一样不可爱，强极则辱，说的也正是这个道理。

而你对这个世界肮脏之处的容忍程度，就是你的行走范围。

所谓洁净，所谓自我，从来都不是将自己关在一个闭塞的角落，小心翼翼地守卫着易碎的三观。而是走出去，在一次又一次的碰撞中将三观反复打碎锤炼，知道自己能改变的是什么，可以放弃的是什么，想要坚守的又是什么。

十八岁的时候，眼里容不得一点沙子，希望全世界都一丝不苟地按照乌托邦一般运行，然后逐渐明白，生活中从来没有绝对的黑白对错，更多人，更多事，是停留在灰色地带的无可奈何。

十八岁的时候，痛恨一切肮脏，然后逐渐明白，任何一块硬币，都有正反两面。

十八岁的时候，满腔热血一心屠龙，然后逐渐明白，所谓改变，只有做好自己。

很喜欢微博上有人评价郭襄的那一句话 ：“知世故而不弄世故，懂人情而不靠人情。”没有人可以永不摔跤，但你选择站起身拍拍尘土继续前行，还是索性一屁股坐在泥潭里同流合污，这才是本质的区别。

别太在意鞋底是不是一尘不染，只要守好自己的心就好。

愿你活得漂亮，也成为一个耐点儿脏的人。

二十多岁的单身女生，要不要赶快买房？

前几天有个姑娘找我聊天，很着急地连着发了好几条消息，问我她现在到底该如何选择。

她所在的地方是个不大不小的二线城市，工资水平一直很稳定，房价却在今年年初也跟风来了一波大涨。

她一个人在这个城市里奋斗，依旧单身，手上有十余万的存款，刚刚够一套小户型的首付，看了好几周的楼盘，终于准备敲定的时候，收到了主管的通知。

有一个半公费半自费的留洋读 EMBA 机会，因为她在同期的中层管理者中表现得最出色，所以决定派她去进修，希望她不要错过。

让她犹豫的，并不是下班后还得连轴转的高强度学习，不是考试也不是迈出国门之后的语言问题，而是小算盘里的那笔账：

除去公司承担的那部分基础学费之外，仅仅是两年的生活费就需要六万多，出国一趟钱包回到解放前，还不知道这两年里房价又会涨成什么样。

“我也知道放弃很可惜啊，但对于一个生活在外地的单身女青年来说，一套房子就是无上的安全感。”她说。

我有一位女友，也曾发出过同样的感叹。她高考发挥失常，考到了北方的一所三本大学，毕业之后留在当地做了行政，一个月的工资只有两千出头，而当地的房价大概是每平米八千。

倒也不是完全买不起，省吃俭用上十几年，也能勉强够个首付，可是以后怎么办？背上几十年的房贷，后半生再也与享受无缘。

可是不买吧，总觉得自己在这个城市还是个异乡人，被房东挑三拣四横眉竖眼的时候，看到喜欢的东西又害怕搬家麻烦不敢买的时候，眼看自己一个月的辛苦钱白白替别人养了房的时候，总是感到不甘心。

一向坚强的她还是忍不住发了一条微信给我：“有时候觉得生活很不公平，有人一出生家里就有好几套大别墅，而我只想要一间四十平米的小屋，都得用一辈子来换。”

是啊，真不公平，可是知道了又有什么用呢？

她用自己一半的工资报了一个英语培训班，每个周末必定准时报到，风雨无阻，每天晚上还要雷打不动地念一个小时。用了一年的时间，终于考下了 BEC 商务英语高级，各项成绩全 A，自学了很多销售的相关知识，从月薪两千的小城市来到上海，起薪四千不包吃住。

日子是慢慢好起来的，从客户的第一次点头开始，从谈成的第一个单开始，从老板第一次竖起大拇指开始，慢慢走上正轨。

她又辗转跳了两次槽，依旧保持着拼命三娘的架势，最近的一次跳槽，年薪三十万，做一家半导体公司的大客户销售总监，手上最小的单子也价逾百万。

我前阵子出差的时候，受到了她的热情款待，她在松江按揭了一套七十六平米的二手小公寓。

那夜我们聊天，她感慨地说："要是当年不走出来，可能现在还陷在那个角落里，被房价压得毫无还手之力，可是真的放手去拼一拼，在这寸土寸金的上海想拥有自己的小家，居然也不是不可能。"

她依旧有二十多年的房贷要还，每月过万，虽然很辛苦，但至少不再是黑洞洞的无望，这对于她，已然足够。

要讲的另一个故事，来自于我曾经的一位同事，她叫小秋。

小秋跟我同年入职，她说自己最大的愿望就是买房。我从未见过那样执着的女孩儿，从不参加 AA 制的聚会，很少买新衣服，工作第三年依然用着小超市里二十块左右品牌不明的洗面奶，下班还偷偷去做一些兼职。

小秋的家境不好，来自遥远农村的家里本就不富裕，还有个弟弟正在上大学，可即便如此，她还是只用三年就攒够了交首付的钱，在靠北的郊区买了房。

搬家的那天，她破天荒地要请大家吃饭，来者却寥寥。公司大多数的人跟她不熟，只有我们同期入职的几个人嘻嘻哈哈地说着恭喜。

饭吃到一半的时候，她哭了，说："为了买这一套房，我放弃了那么多，到底值不值得？"

"不管怎样，你总算是有自己的家啦，多不容易。"我们安慰她。

"是房子，不是家。"又一串眼泪落下来，她说，"你们不知道，我为了买这套房子，到底付出了多少代价。这三年，我没有生活，没有朋友，没有哪怕一天的放松，可是到头来，除了这间房子，我还剩下什么？"

就在前年，她父母的老房因为下雨塌了一个角，父母想要大修，可无论他们怎么说，她都坚持手上的钱要用来买房子，不能随便动用，让父母凑合着整一整，等新房下来跟她同住。

她的舅爷得了胃癌，连村里都自发地捐款给老人看病，她却将自己的存款捂得紧紧的。"晚期，救不活的。"她说，"再多的钱也不过是打水漂而已。"

交房之后的开伙饭，别人家都是亲朋满座热热闹闹，只有她是一个人。父母连她的电话都不肯接，逢人便说："我们家生了这么个自私没良心的女儿，不知道是造了什么孽。”

年轻的时候，我们总以为安全感来自于物质，银行卡上的存款、一辆车或是属于自己的一套房子。可到了最后，才发现安全感最大的来源是能力和爱。

这二者，一个是去路，让自己更上一层楼，摆脱眼前的困境；一个是归途，是不管何时回头，都有所牵绊的温暖。前者要求我们投资自己，后者要求我们兼顾他人。

而房子只不过是我们漫长的人生中的一个栖身之所。不要把它看得太轻，像一杯咖啡，一个包包，一管口红似的无关紧要，但也不要把它看得太重，重到成为你人生的负累，乃至枷锁。

若有余力，就为自己添置一个家，若无余钱，也要更用心地规划自己的人生。

比买房更重要的是赚钱的能力，比赚钱更重要的是好好生活。

这就是我的答案，愿你能过得安心且快乐。

你穿得那么讲究，却活得那么将就

悠悠又一次刷爆了信用卡。

她提着大包小包艰难地在我对面的位置上坐下，心满意足地长叹一声："我昨天半夜没睡着，一想到又要上班，恨不得明天就是世界末日才好。剁完手找回一点感觉，周一才有精神回去工作。"

她不久前才在职场遭遇了迄今为止人生中最大的一场滑铁卢，正做了一半的项目被公司的一个新人接手，导致她的年终奖几乎直接被腰斩，而她的直属老板对这件事的始末语焉不详，只在聚餐时暗示悠悠，新人能力出众，又有点儿背景，上面催着给她委派项目，自己也是没办法。

悠悠恨得咬牙切齿："他没办法？全公司那么多项目凭什么偏偏

拿走我的？既然知道是不得已，又凭什么砍掉我一半的年终奖？”

一波未平一波又起。她尚在耿耿于怀，这个新人又完美地做成了一个大单，那个被称为鬼见愁的刁蛮客户被小姑娘收拾得服服帖帖，部门专门为小姑娘开了一个小规模的表彰会，部门老大讲话，号召大家把脑子放灵活，多跟新鲜血液沟通，互相学习。

她在夜里给我发来特别丧气的一条语音：“我觉得自己太失败了，在这样的新人面前，从里子到面子什么都没剩下，可能真的只有被时代淘汰的命了吧。”

而现在，她两眼发亮地坐在我的身边，指着她那大大小小的购物袋：

“你看这个包，小牛皮的呢，特别好看，虽然四位数，可性价比真的超高。

“这个 ××× 的衣服，穿上又好看又有范儿，面料和款式都特别棒，我逛了好几家店才挑中呢。”

……

她兴冲冲地摆弄着手边的战利品：“只有购物能让我心情好。”

我问：“那你明年准备怎么办呢？准备怎么去争取新的项目，面对这个新人和自己的老板呢？”

“还能怎么样啊，顺其自然呗。”她叹了口气，“给我我就做，不给我我就混，反正公司那么多闲人，就算是裁员也轮不到我。”

她又说：“我现在终于理解了你们常说的生活品质这句话，穿上一件高档的衣服，提一个小牛皮的包包，一下就有了自信和底气。女人还是要买点儿好的，好好对待自己，你说是吧？”

她眼神灼灼地盯着我，像是快沉没的人看到救生艇一般，急切地希望得到我的赞同。

我勉强应了声是，却总觉得有什么地方不对。

小末又跟老公吵架了。

这不知道是一年中的第多少次，他因为工作上的事放了她鸽子，订好的机票取消了，电影没看成，就连吃一顿饭，订好的双人餐位最后也只有她孤零零的一个。

这一次的争吵要比往常更猛烈一些，不然她也不至于一走进专卖店就直奔价格最高的那一排而去。不知买到第几件的时候，她才终于舒了口气：“他不是爱挣钱吗？那我就帮他花，反正我买完是心情好了，肉疼的可是他。”

他给她办的信用卡，早已从普通卡升级到了白金卡。她平时从不动用这张卡，只有在跟他斗气的时候，才报复似的乱买胡刷。

果然，十分钟不到她老公就打来了电话，两人又拌了几句嘴。小末叹了口气：“果然，只有衣服靠得住，男人是靠不住的。我挑了三个小时的衣服不会离开我，可我挑了二十几年选的老公，还真不一定。”

“你一会儿准备怎么办，要不要住我家？”我问她。

她摇摇头：“我回家呗，反正钱也花了心情也好了，该怎么过日子，还是得怎么过下去。反正他以后要是还这样，我还刷他的卡。”

我有些惊讶：“你就不准备跟他好好聊一聊？沟通一下爱情观和金钱观？”

“不知道怎么开口……”她说，“凑合着过呗，反正又不至于离婚，谁家的日子没有磕磕绊绊，习惯了就好了。”

她全身上下的行头，加起来足以上万，可是那颗包裹在这样华贵行头中的心，却还是如同小白兔一样的青涩畏缩。

我曾经想过很多次，究竟是什么东西可以给人自信与底气，也曾经如同悠悠和小未一样，一言不合就剁手，试图通过购物带来的快感来打破生活中的无力和失落。

买完很开心，尤其是拥有自己平时连想都不敢想的一些昂贵的物件之后，一瞬间满足感爆棚，觉得自己满血复活可以征服全世界，可是然后呢？

那个包裹在价值几千甚至几万的衣饰背后的自己，真的能像广告模特一样昂首挺胸、自信从容吗？

能给人底气和自信的，从来都不是长相与装饰，而是一个人解决问题的能力。

穿上一件漂亮的衣服，会让你自我感觉很好，但它无法成为你抵御人生问题的盾牌。

你可以闭上眼睛，可问题依然存在。

你在那些问题面前的态度是逃避、凑合还是迎难而上去解决它，这才是你的人生状态和生活品质。

再昂贵的衣服也无法帮你摆脱职场上的困境，视而不见或是随波逐流，只会让一个人距离优秀越来越远。再奢侈的饰品也无法装饰两个人价值观的不同，任由那些隐隐作痛的小刺生长，总有一天会长成破坏婚姻的荆棘。

你看那些活得漂亮，脚底生风，走路稳健又坦荡的人，有谁仅仅是通过价码上的零来支撑自己的人生？

买买买的时候那么果断，面对问题却畏缩不前。

买买买的时候那么讲究，对自己的生活却处处将就，这才是最得不偿失的人生啊。

小女孩们还想谈恋爱，你们却说自己恐婚

我带的实习生是个 1996 年出生的小姑娘，有天一起吃午饭的时候，她忽然问我能不能帮她介绍一个男朋友。

那张如同夏季初荷一般粉嫩的俏脸对着我，半撒娇半郑重地说：“我都一年没恋爱了，好想有个男朋友。”

我险些一脚没踩稳掉进如同天堑一般的代沟，满脸黑线地问她：“才一年没恋爱，就这么迫不及待？”

她笑吟吟地回答我：“当然了，再不恋爱就老了呀。”

“好想有个男朋友，在加班的时候帮我买一份关东煮，偶尔来接我下班一起去吃火锅，一起追剧，一起打王者荣耀，我一个人总是很

快被灭，有个男朋友组队，他就能罩着我，一起笑傲江湖，每个周末都出去找好吃的，手牵着手轧马路。”她说着，脸上露出那种神往已久的幸福神色。

我有点儿吃惊的另一个原因，则是因为她平时并不是这副模样。即便按照传统的独立女强人的标准来看，她都算得上是一个非常自立自强的姑娘。加班出差连轴转从来都不叫苦，有阅读和健身的习惯，还给自己报了一个英语培训班，忙归忙，自我提升也从来没耽搁。

我认识她好几个月，还从来没见过她这般小女孩儿的模样。

于是试探着问她：“是不是最近工作生活不顺心，在某个很脆弱的时刻，就想找个男朋友吐吐槽？”

“不是的。”她说，“其实我一个人也过得挺好的，生活质量挺高，充实忙碌且多姿多彩，但我就是想谈一场恋爱，想把这个状态很好的自己分享给另一个人。”

不是没了谁不行，而是有你会更好。

我家小妹妹十九岁那年谈了第一个男朋友，跟爸妈摊牌之前，先把他带出来跟我见了一面。我像所有不能免俗的长姐一样，各种旁敲侧击百般探询，试图从他每一次的对答和每一个小动作里判断他是个怎样的人，对她又有多少真心。

会面结束之后，我跟她一起回家，路上我问：“你可想清楚了？他有那么多兄弟姐妹，今后的家庭关系肯定很复杂，像你这种心思单纯的人，恐怕会吃亏啊。”

她大笑：“我也不是一定要嫁给他啊，就只是跟这个人谈恋爱而已，一起上课自习去图书馆，一起骑单车念英语穿情侣服。我才十九岁，离谈婚论嫁还早得很哪。”

是啊，她才十九岁。

家长里短，茶米油盐，哪里是她这个年龄会考虑的问题。就算真的是一不小心伤了情，也自带超强的自愈力，好得飞快。她的未来还有那么长，才不会捆绑在某一个男人的身上。

说来好笑，能将“谈恋爱”和“婚姻生活”这两个概念分开，好像真的是小女孩的专利。

我认识一个马上要进入三十岁门槛儿的姐姐，有次在相亲的时候，她遇到了一个挺让她心动的人。那个男人从外表到谈吐无一不中她的意，可最后让这件事不了了之的唯一原因，却是他不经意中透露的某个坏习惯。

她说：“要是再年轻十岁的话，肯定不管三七二十一先爱一场再说，哪怕最后分手了也不遗憾，可是现在早已没有这样的心力去冒险、去改变、去享受。两个人互相打量一眼，不看喜不喜欢，只看合不合适。”

“冒险去爱一个人多累啊，改变一个人多难啊。”她怏怏地说，“还不如我一个人单着，日子过得也挺好。”

人们常说年龄越大越难爱上一个人，是因为成熟了知道什么才是爱。可我却偏偏觉得，人越成熟，其实往往越不懂爱。

我们不再相信爱情本身，而过多地依赖猜测和判断。

这或许也是为什么那种类似《他爱不爱你，只看……》的情感文章受到大量追捧的原因：我们失去了感受爱情的能力，却又由于恐惧，极力想要去抓住哪怕只是一点能够证明爱情存在过的证据。

当我们谈爱情时，我们总是想着未来，想着不冒一丝风险的笃定，想着今后的种种和过去的种种，却偏偏很少关注此时此刻的甜蜜。而爱情却往往越是单一，越容易长久。

向往去跳一曲双人舞，却又总像是怕被踩了脚似的扭扭捏捏，战战兢兢。

曾经看过梵高写的这样一段话：

每个人的心里都有一团火，路过的人只看到烟，但总有一个人，总有一个人能看到这团火，然后走过来，陪我一起。

我带着我的热情，我的冷漠，我的狂暴与我的温柔，以及对爱情毫无理由的相信，走得上气不接下气，结结巴巴地对她说：你叫什么名字？

从你叫什么名字开始，后来，有了一切。

这是有点儿虚幻、有点儿唯美又有点儿意外的爱情的开头，只可惜并不是所有的人都有接受这个开头的勇气。

而所谓少女心，并不仅仅是嘟嘴撒娇卖萌发嗲，而是那种坦坦荡荡，只想谈一场纯粹的恋爱的追求。

想要把自己充实自由的生活与另一个人分享。

想要谈一场纯粹的、不问结果也不以结婚为目的的恋爱。

想要了解一个人，想要去爱一个人，想要跟那个人在一起。

很久以前看过法国女作家安娜·卡瓦尔达写过一本书——《只要在一起》，时隔多年，书中的内容已快忘得一干二净，却唯独喜欢这个书名。

只要开始了，只要在一起，就足够了啊，至于结果，那是上帝的事。

正如我特别喜欢的纪伯伦的那首诗：

爱所给的仅是他自己，他所带走的也仅是他自己
爱不占有也不被占有
爱没有其他所求，只愿成全自己
但倘若你去爱，就必定有渴望，让这些渴望是：
融化为奔流的小溪，在暗夜里唱诵欢快的曲调。
体味出过分温柔中的苦痛。
让你对爱的理解伤害到自己，并心甘情愿地流血。
黎明时怀着飞扬的心醒来，致谢爱的又一天
正午时沉醉于爱的狂喜中休憩

黄昏时带着感恩归家

愿你也能守护好这颗柔软而又胆大的少女心，永远保留爱一个人和被一个人爱的能力。

不抗拒开头，也不惧怕结尾。

有勇气追求，也有底气接受。

祝你，情人节快乐。

你总要被孤单打败过，才能学会好好生活

有个小姑娘在后台留言给我，问：“为什么有的人就能成为朋友的中心呢？就像所有的人都围着她转，明明没什么特殊的，却像众星捧月一般。”

她上大一，并没有知心的好朋友，觉得自己是个可有可无的人，没有谁下课等她一起离开，也没有谁会买完饭等她一起回宿舍。

她说：“我也好想成为那种被人惦记着、围绕着的人啊。”

我急着赶车，匆忙地回了她一句：“意欲取之，必先与之，没有人等你的话，你就试着等等别人。”

半晌她回我一句：“我一直都是在等别人，生怕别人走了漏掉我，

但是别人走又不一定会等我，好尴尬。”

时光大概是最能让人洞若观火的武器，长到我这个年龄，大概已经可以从很多不同的角度告诉她应该如何做。比如让人无法拒绝的话术，比如基于社会心理学中互惠原理而让对方产生亏欠感的几个小伎俩，比如如何去寻找那些同样很害怕孤单的同类，然后跟对方紧紧地结合。

可是我没有回复她。

逃离形单影只的痛苦很容易，避免独自吃饭的尴尬很容易，可最难的并不是这些。

人生路上那个最难打赢的boss，它不叫失败也不叫破产，不叫怨憎会、爱别离、求不得和已失去，甚至不叫生死。

它就叫作孤单啊。

我第一次感到孤单的压力，是在跟朋友们的一次聚会之后。那时我也刚上大一，最怕寂寞，每个周末都会跟朋友上街聚餐，哪怕只是结伴轧马路，也无法一个人待在宿舍。

那时是盛夏三伏，我们五个女孩子坐在咖啡厅里聊了一下午，该回学校的时候犯了难，搭公交车要三十几站才能回去，没有空调的公交车热得像个烤箱，可是打出租车又坐不下。

其中一个姑娘对我说：“你不是本地的吗？要不你回家吧，我们四个刚好一辆车。”

明明是合情合理的安排，可是看着她们四个有说有笑地打车离开的背影，我却感到很难过。

不是仅仅因为“一个人”而难过，而是那孤单背后巨大的阴影：

你是个无关紧要的人，她们其实也没那么喜欢你。

那种感觉像是突如其来的洪水，轻易就把我们小心翼翼垒起来、颤巍巍的那个有关“自我”的城堡冲得支离破碎。

这还不是孤单的全部，它还有着许许多多不同的形态，像个摆脱不掉的黑影，见缝插针地出现在你的生命里。

旅游看到很漂亮的风景，兴高采烈地想要跟妈妈分享时，她在那头压低声音回答几个嗯，然后说：“宝贝儿，我现在在开会，一会儿再跟你说啊。”

背了黑锅百口难辩，想要找闺蜜诉苦时，她一接电话就连说几个抱歉：“宝宝今天有点儿发烧，正在犹豫要不要带她去医院。”

巴巴地将自己的小情绪小心思讲给别人听，却只得到几句轻飘飘的“我懂”“一切都会过去的”甚至“这点儿小事你也至于”……

孤单来得那么快、那么多、那样猝不及防，要怎么躲呢？

我试过很多种方法跟它作战，跟微信群里并不熟悉的人掏心掏肺地聊天；一遍又一遍地刷着微博，生怕错过了哪怕一个熟悉的动态；仓促地给自己找了个舍友；每天发五六条朋友圈，每隔十几分钟就拿起手机看看，又有了多少个赞，又有多少个人在关注我和我如影随形的孤单。

这并不是身边多一个人就可以解决的问题。

有次跟男朋友一起出去吃饭，刚刚独自做完一个项目，有满肚子的感受想要跟他讲，他却接到了重要客户的电话，一边谈一边记笔记，只留一个抱歉的眼神给我，直到一个小时后他挂掉电话，赔着笑问我：“你刚刚想说什么来着？”

我明明并不生气，却再也没了讲的兴致。

那也是很难过的啊，明明那个很亲密的人近在咫尺，两人却依旧处在两个不同的星球。

我跟孤单作战多年，屡战屡败，所以才敢笃定地告诉你：

即使有个人等你下课、陪你吃饭，二十四小时地跟你在一起，你也依旧会被孤单打败的。在你今后的很多很多年中，你会见识到它的千种嘴脸，万般獠牙。

它敲碎你的玻璃心，提醒你的无足轻重，时不时地将一桶冷水兜头泼下，撕开你的幻想，反复告诉你一个事实：

你不是世界的中心、不是万人迷，不是谁的小甜心和谁的好闺蜜，你只是你，你只有你。

我们每个人都被孤单 KO 过无数次，怀抱着孤单去找同类项，偏偏却找不到答案。

这世界上从来都没有谁和谁的孤单如出一辙，我们每个人的内心都自带一个巨大的空洞，在这场战役里，你只有孤身一人。

我的朋友圈里有一位很厉害的姐姐，是高我两级的学姐。她在一家很不错的金融公司上班，会三门外语，不是只会你好和谢谢的皮毛，而是可以流利地跟别人切换自如地聊天。她常常做空中飞人，一年有一半的时间都在出差，在繁忙的工作之余，还出了一本自己的画册。

我从一个同学群里加了她，但一直都没说过几句话，那天大概跟男友闹了小别扭心情差到极点，神差鬼使地发了一条微信给她："你也会感觉到孤单吗？"

"会。"她的回复来得很快，"而且是常常。"

我惊叹："怎么可能，那你怎么还能活得那么丰富多彩？"

她很认真地回复我："那怎么办？本来就很孤单了，还不自己善待自己，难道要自暴自弃吗？毁掉了自己的生活，岂不是更没人看。"

她说："你无法打赢孤单，无论多么有声有色、有钱有爱的生活，都不能。"

你能做的只是将它慢慢驯服，习惯了每个人都是一颗不同的星球，所以不再掏心掏肺地去渲染自己的情感，博取别人的同情。

清楚自己并不是宇宙的中心、电视剧里的玛丽苏，所以在不被关照和在意的时刻也不会恼羞成怒。

明白了理解太过奢侈，而永远的陪伴也不过是个美好寓言，所以才不介意，一个人吃火锅，一个人看画展，一个人听讲座。

"人与人的差异，并不在于是否孤单，而在于你如何对待自己的孤单。”她说。

是拼命地聊天、发朋友圈刷存在感、像藤萝一样痴缠某个人寻求陪伴，还是能够在孤单中静下心，看完一本书、写完一帖字、跑完五公里、画上一幅画。

那才是会让你不同的东西。

你如何对待孤单，生活就如何回馈你。而一个人独处的能力，会决定她的人生。

你我都是在孤单面前束手无策的普通人，正是因为无法打败它，才只能学着慢慢驯服它：

善待自己的想法和情绪，并不以之来绑架他人。

珍惜每一个美好的瞬间，同时明白它即将逝去。

尊重自己的每分每秒，用它来让自己变得更好，让生活丰富一点，多几缕颜色。

既然只能做自己，那就好好做自己。

愿你成为一个懂得驯服孤单的人。

Part 3
决定你上限的不是能力，而是格局

在成年人的世界里，重要的并不仅仅是智力，能力，谁加班时间更长，谁跟上司关系更好，谁能未卜先知等等。而是一个词：体面。做一个体面的人，在任何场合下守住底线和尊严，漂亮地解决问题，就是你格局的体现。

决定你上限的不是能力，而是格局

朋友公司的一位经理跳槽了。

从领完年终的红包到宣布辞职，时间用了不到一周。收拾完东西入职新东家，发了一条微信给他：“虽然公司有规定离职要提前一个月，就用我入职以来加过的班抵剩下的日子吧。”

朋友创业的公司才开张不久，万事开头难，公司从C打头的高管到刚入职三天的员工，天天无偿加班到深夜几乎是常态。他自知理亏，看到这条微信也只有苦笑一声。

那会儿正是新产品研发临近收尾的当口，他走得匆忙，留下了不小的烂摊子。公司里所有人本来就忙得焦头烂额，由于他的忽然离开，工作量更是增加了不少，好几个老员工都身兼数职，没日没夜地赶工，差点儿住进了公司。

直到他们招了新的经理，完成了所有的交接和过渡，这才有时间参加聚会跟我们聊天。

“像这种人，你就应该扣着他的档案别给他，各种手续也能拖就拖，不能让他得逞。”朋友话音刚落，立刻有人为他打抱不平。

还有人出主意：“到微博上谴责他，@他的新老板。他既然不仁，你也用不着跟他讲什么情义。”

“何必呢？”他笑笑，“工作伙伴而已，好聚好散。”

“就是因为你这么大度，他才敢得寸进尺。”有人说。

他说：“我不是大度，而是知道他所求的一定得不到，既然如此，又何必落井下石呢？”

“他不过是想谋个高管的职位，凭良心讲，论能力他没问题，但他的格局太窄，这辈子最多可能也就是个中层吧。”

来日方长，我们等着瞧。

三年过去，朋友的公司越做越大，规模比当初扩展了几倍。可那位离职的仁兄，据说又跳了一次槽，却像中了魔咒一般，依然在中层徘徊。

有次看《非你莫属》，有一期的嘉宾是一位连续三年的销售冠军。这个人开朗热情，面对来自老板的提问也能对答如流。

主持人涂磊问了他这样一个问题：“你觉得在你的经历中，最能说明你销售能力的是哪一件事？”

他想了想，说：“自己在一家做情商培训的机构做销售，成功地说服了一位月薪两千的环卫工为自己五岁的儿子报了价值五千多的课程。”

说完之后颇有点儿沾沾自喜，重复了好几遍：“我这个人讲话就会让人感觉很真诚。”

他在现场展现的推销能力并不差，可在座的十二位老板却不约而同地在第一轮时灭了灯。

有一位老板用这样一句话做总结：“我们不怀疑你的能力，但却不看好你的人品。”

越是处在社会底层的人，越无力鉴别信息的真伪和含金量。他们或许不富裕，但很好骗，只要给他们一线希望，告诉他们有可能培养出一个人中之龙，他们就会迫不及待地将辛苦攒下的积蓄交到你的手里。

不择手段地将不合适的课程推荐给明显没有能力负担的人，并且将这件事作为战绩来炫耀，一个没有同情心和底线的人，或许能拿到一个销售冠军，但却很难成为一名优秀的销售经理。

你的能力决定你能得到什么，而你的格局，却会决定你最终能走到哪里。

我曾经很不理解“格局”这个词，它太大又太虚，包含着人品、道德、战略眼光和生活习惯等太多的方面。直到有次采访一位企业老板时，聊到格局的话题，他给出了这样一个答案：

“在成年人的世界里，重要的并不仅仅是智力、能力、谁加班时间更长、谁跟上司关系更好、谁能未卜先知等等，而是一个词：休面。”

做一个体面的人，在任何场合下，守住底线和尊严，漂亮地解决问题，就是你格局的体现。

谷歌早期有一条不成文的行为准则——“Don't be evil(不作恶)”。这一原则一直贯穿于谷歌的发展之中。在谷歌和微软的 IE 浏览器竞争到白热化的阶段时，谷歌有高管提议买下当时另一家提供搜索技术的公司 Inktomi，然后关闭其服务，这样谷歌就可以轻而易举地垄断整个搜索市场，而谷歌的创始人佩林否决了这一提议。

吴军的《浪潮之巅》中记载了佩林对这一事件的回应：

“我们身在硅谷，深知硅谷公司深受垄断导致的恶意竞争之苦，他们对谷歌的发展寄予厚望，希望通过和我们合作来反抗垄断，如果我们用这种虽然合法，但却是恶意收购的手段来清除对手，将令整个硅谷失望。”

他们宁可让雅虎将 Inktomi 买走，成为自己在搜索领域的竞争对手，也没有做损人利己的事。而谷歌的君子之风，也得到了巨大的回报。当它推出自己的软件下载包时，包括 Adobe 和赛门铁克等很多家知名软件公司都非常配合。

谷歌有全世界最好的工程师，可如果它没有商业伙伴，在微软既成的垄断优势下，也很难用如此快的速度打下自己的一片江山。

单打独斗时靠能力，可到了下一个高度，能力就不再是至关重要的问题。个人也罢，公司也罢，在重重的困难中，能否守住自己的原则，能否妥善地解决问题，体面地维持与他人的关系，就是格局之所在。

体面地推销，体面地竞争，体面地告别一场。

不仅仅只在乎姿势好看，更重要的是体面背后的价值观。

坦诚地表达意见，尊重自己也尊重他人，在任何时候都不让自己成为别人的麻烦。

正如电影《一代宗师》给出的答案："见自己，见天地，见众生。"人不能只为了自己而活，你为了什么而奋斗，才能获得什么层次的回报。

决定你人生上限的不是能力，而是做人做事的格局。

格局见结局。

你愿不愿做那个没有工资，全天待命的小助理？

昨天在朋友圈里看到一位颇有名气的作者抱怨，她新招的助理又一言不合就出走。她感慨自己“一把屎一把尿”地把对方从初出茅庐一张白纸似的菜鸟培养成了能顶半边天的得力助手，最后却只得到一个“我对你没感觉了”的结局。

就在下面的评论里，她又补充了一条：“再次招一位助理，试用期结束之前没有工资，二十四小时待命，要求十项全能，能挨骂抗虐还不哭。”

我正巧有个学妹，一心想要进新媒体工作，却苦于没有领路人。我将这条非官方的招聘转发给她，问：“你愿不愿意去？”

她考虑了半个小时，说："不去。"

倒不是为了钱，也不是害怕工作辛苦，只是跟着一个明文声称自己"不想为助理付出"的老板，摆明了是去当牛做马而不是做共同事业，又能有什么前途可言？

我十分感慨年轻人的眼明心亮，忽然就想起那个跟我聊过天的叫小葵的姑娘。

我认识小葵的时候，公众号的读者还远没有现在多，所以交流得比较频繁。她毕业后去了一家互联网企业实习，因为是创业公司，试用期只有每个月三百块的薪水，而且天天加班，实习生直接向部门总监汇报工作，总监时常神龙见首不见尾，没有安排人做入职培训，也没人教他们要如何入门。

并不是不可以自己摸索，但成长的速度必然赶不上总监的期待，几个新人动辄被批得一无是处，觉得十分压抑。

我安慰她："哪个新人不受委屈呢？不要总是把关注点放在情绪上，看见自己的成长才是关键。"

她也从善如流地回复了一句："嗯，明白了，我一定会好好努力。"

她有时会问我搜集数据的技巧，或者是一些关于职场人际关系之类的小问题，还买了好几本有关互联网运营的书回家自学。虽然偶尔也会抱怨两句总监的无情，但不难看出，她真的是在很努力地学习。

直到将近一个月之后，她来找我，说："姐姐，我还是觉得要辞职了，没听你的话，你不要怪我。"

事情的起因是运营部有位同事休了病假，她临时被抓包过去替补，忙到连午饭都顾不上吃，总监回来便将一沓票据扔给她："把这些贴一贴，一会儿给财务部送过去。"

她诺诺答应，好不容易忙完了手上的工作，正在整理发票的时候，总监又一阵风似的从办公室冲出来，指着她的鼻子开骂："还有比你更笨的新人吗？这么点儿小事半天都做不好，来了这么久时间都喂了狗是不是？动作放麻利点儿，别想着磨洋工加加班就显得自己有功劳。"

她被骂蒙了，还是运营部的同事过来解围，解释说小葵是被他们拉去工作，所以才没有立刻处理发票。总监这才闭嘴，转身走了。她早已对总监不时的冷嘲热讽挑三拣四习以为常，被同事安慰了几句起身去倒水，却在茶水间听到了总监和另一个人的对话。

那人说："你刚刚真的是冤枉小姑娘了，当着那么多人的面说那些话，多伤人。"

她鼻子一酸正想哭出来，就听到总监哼了一声说："实习生而已，骂就骂了，有什么关系。"

那语气轻蔑得好像只是吹落一根草芥或碾死一只蚂蚁，好像她并不是一个活生生有感情要脸面的人，而是一个任他摔打也依然面带微笑的玩具。

就在当天下午，她做完手头上所有的工作，写好了交接的邮件，提交了辞职信。

她说："我知道自己现在还是新人，在职场上没有什么地位可言，但我觉得自己应该得到最起码的尊重，被当作一个'人'那样的尊重。"

我不怕辛苦，但也不想白受委屈。

她离职之后，很快找到了一家新的公司，用"如沐春风"四个字来形容自己的处境。她依旧拿着只够车马费的实习工资，做错事的时候也依然会被批评，但她一待就是两年，直到今年年初回了老家，才离开了那家公司。

我无比喜欢这个时代，一个很重要的原因便是她给了像小葵这样无数的年轻人一个离开的机会。让她们可以将尊严和饭碗看得一样重，让她们可以跟雇主平等地选择彼此，而不必为了谋生，不得不委身在一个压抑而冷漠的环境。

年轻时遭受的戾气是很可怕的，它很容易将一个一张白纸似的人逐渐吞噬，让你觉得颐指气使、居高临下和欺生怕熟都是人生常态。我们总是在无意识地模仿着我们畏惧甚至憎恨的人，以为这样就能打败对方，但在战争胜利之前，你早已经输掉了自己。

我甚至有点儿佩服那些九五后乃至零零后的小朋友，他们比我们年轻的时候更加勇敢也更加挑剔，也正是因为有了这份挑剔，管理者才会反思和改正。

看过不少文章，一味地指责年轻人林林总总的职场病，一个人诚然要对自己的成长负责，可他遇到的管理者是谁也尤为重要。

赋予他权力，他才懂责任；给他选择，他才能自主；教他技能，他才会独立；给他尊重，他才能明白爱惜自己的羽毛有多可贵。

你什么都没给他，却期冀他自学成才且能不离不弃忠心耿耿地一辈子跟着你，又何尝不是一种苛求。

黄铁鹰老师在他的《找我》中感慨：

一个良好的管理者，不仅要学会挑人，更要学会带人，没有两个人是天生就合拍，从一开始就懂得如何为彼此负责的，将被管理者培养成自己想要的样子，与之彼此塑造和互相成全，这才是管理者的使命。

我只是希望，看到这篇文章的年轻的你能够好好学习，让自己拥有一点挑剔的资本。

若你决定离开，也一定要认真努力，要比现在混得更好，回头看时才能没有后悔，只有庆幸。

请你长成一个快乐而且强大的人，善待自己，也尊重你的助理。

“你能不能好好听我把话说完”

前段时间朋友新开的公司招聘，找我过去帮忙面试，其中的一位小姑娘给我留下了特别深刻的印象。

她已经有了两年的工作经验，简历十分优秀，有细节有重点有成绩，打电话叫她来面试，她也很准时而又守礼地提前十分钟就等在了门口。我们对她的第一印象很好，前半段的自我介绍也做得很是成功。

直到面试的问答环节，朋友问她：“你上一份工作……”

话还没说完就被她打断，她说：“上一份工作没前途，公司结构稳定，晋升空间狭窄，我是个不甘于安稳的人，想要找一点挑战，所以才会来应聘创业公司，虽然辛苦，但机会肯定也比之前多。”

这回答没毛病，朋友却有些诧异地挑了挑眉，接着问："我看你之前有出国留学的经验……"

"是的，我是自己申请到交换的机会的，只有年级前三名才有申请的资格，留学的生活费也是我自己打工挣来的，我当时每天学习十个小时再打四个小时的工，抗压能力特别强。"她又没等他把话说完，就急切地开始了自己的长篇大论。

我正好听到了他硬生生被压下去的后半句"那你英语应该很不错吧"，跟朋友对视了一眼，分明看到他眼里的苦笑。

面试一结束，他就把这个姑娘的简历跟之前淘汰的人一起放进了档案袋，最后挑中的反而是个带了点儿学生气的应届生。

"有点儿可惜，但是不想用这样的人。"他说，"其实我根本没兴趣知道她为什么从之前的公司离职，我想问的是她上一份工作中是怎样开发的客户渠道，她根本就不关心我想问什么，只是照着自己的计划去讲。"

连别人的话都没耐心听完，这个习惯会成为她的能力的掣肘，很容易就会进入瓶颈，有再大的能耐，也发挥不出来。

而教会一个人技能很容易，培养一种习惯却很难。

"我们是创业公司，每天自己的工作都得加班到十一点，哪儿有时间去做她的人生导师。"他说。

看《冬吴相对论》的时候，记得一个小细节，说是美国斯坦福大学做过一项调查，显示一些优秀的人是如何成功的，其中一个很重要的指标，就是看小时候父母有没有对他们进行过大段的朗诵。

与理解力无关，与想象力无关，在孩子什么都不懂的时候为他们朗诵，其实就是在练童子功——对那些不明白的事情，也要学会保持积极的沉默。

我有一位朋友，长相和才华都不出众，甚至是个看上去有些笨笨的女孩子。她的反应比较慢，时常跟不上我们聊天的节奏，又不是妙语连珠的类型，大多数时候只是含笑听着，当我们聊到另一个话题甚至散伙之后，她才会明白过来，感慨一声："我知道了，原来你们刚才说的是这个意思。"

就是这样的一个女孩子，人缘却很好。明知道从她那儿得不到什么好建议和好点子，大家却总是喜欢跟她聊天。毕业之后她做了销售，开始的时候有些怯怯的，说："像我这样嘴笨反应又慢的人，或许真的不太合适干这行，每次开会的时候大家讨论，我连一句话都接不上。"

可是没过两年，她就被提拔到了大客户组，级别工资都水涨船高，我们问起她升职的秘诀，她却比我们还丈二和尚摸不着头脑。

"我也没觉得我自己做得好啊，你们也知道，我反应慢，不像他们都会想到客户会问什么问题，然后提前做好准备。我常常都是听完客户说的话，才知道他们想问的是什么，大概是傻人有傻福吧。"她说。

正是因为她脑子没有转得那么快，不会预先想好对策然后将对方往自己的方案上引，才显得尤其真诚。

正是因为嘴笨，所以更多的时间是在倾听客户的意见和要求，只对对方提出的问题进行回应，而不是东拉西扯，顾左右而言他。

会说话并不是成功的唯一途径，有时生活中更需要的是去倾听。

认识一对情侣，五年异地长跑，却在相聚的第一年决定分开。分手是女生提的，男生死活不同意，约我们一起出来聚餐调解气氛，其间女孩儿又提起分手的事，才说了两句就被男生打断。

他很真诚地说："我知道平时工作太忙，有时候会忽略你，我保证今后不会了。"

"不是的。"那女孩儿苦笑一声，摇摇头，"我觉得跟你在一起没办法沟通，每天都过得很压抑。"

男生是个小有名气的演讲教练，聊天的时候妙语连珠，从天文地理政治外语到家长里短养生保健，360 度话题无死角，是个在朋友圈里极受欢迎的人物。一个教别人说话的人，怎么可能不会说话呢？

"他不是不会说话，他是不会倾听。"她叹了口气。

正是因为自己掌握了更多的话术和技巧，就理所当然地觉得自己掌握了两人之间的话语权，视对方为一项可以搞定的任务和一个可供研究的对象，不在乎对方的所思所想。

跟这样会说话的人在一起，却感受不到一点关心，也享受不到一丝甜蜜。不被听见的日子，就像自己完全不存在一样。

她说着感受，他却只能听到技巧，她说着想法，他却只能捕捉到逻辑。

听得懂弦外之音，却听不懂她的心意。

我们有两只耳朵，却只有一张嘴，我们用两年的时间学会说话，却要用一生的时间学会沉默。

《阿凡达》里面那句著名的台词“I see you”，并不仅仅只是字面上的“看见”。

我看见你，我倾听你，我懂得你。从茫茫人海中独独把你打捞出来，变成对我来说独一无二的那个人。

我们常常太过关注于倾诉和表现自己，试图把自己的一生都铺陈给对方，但真正让两个人走进彼此生命的，是倾听。它的本质是一种分担，听懂了对方的故事，你才能走进她的世界。

从听见到听懂，看似在几秒之内就能完成的事情，有时却需要用尽一生去体会学习。

毕竟生活不只要好好说话，也要用心去听。

或许有天，
我们也会成为那个失业的中年人

前段时间在微博上看到一个帖子，发帖人是一个就职于深圳某著名通信公司的员工。他刚刚被公司解聘，买了两套房子，加起来每月要还两万多的贷款，妻子没有工作，还有两个正在上学的孩子，觉得压力山大。

从现实的情况来看，其实并没有多凄惨。深圳的两套房产加起来估值接近五百万，随便脱手一套，即便是赔些钱，也不至于捉襟见肘；有着多年的工作经验，即便是找不到一份跟从前一样税后两万多的工作，倒也不至于成为无业游民。

比起我们这些一穷二白的年轻人，他的境况似乎已经好太多了。

可是我总是觉得，人抵抗风险的能力其实是在逐渐减弱的。尤其是到了中年以后，背负着越来越多的关系与责任，上有父母，中有伴侣，下有子女，一个人的失业往往是全家人的灾难，多少家庭矛盾因此而生。

人在没得到的时候无所谓，但得到了之后再失去，痛苦的程度就会翻倍。

故而很多年轻人并不怎么害怕失业，反正一个人吃饱全家不饿，道路漫长且机会多多。可对于沉浮于职场多年的中年人来说，无论是能力还是心态都早已固化，跟自己服务的公司融为一体，到了外界反而格格不入，想要得到跟之前一样高的薪资福利，恐怕是难上加难。

群里有人感慨，好害怕自己有一天也会遭遇中年失业的惨痛打击，读大学时的专业就不好，万金油似的放哪儿都行，每天的工作内容也是替代性高独特性低，每年看到公司里进新人都心有戚戚，生怕自己哪一天就被替代了去。

有位学财会的女生现身说法，她 2017 年 7 月毕业，某 985 院校，找了三份实习工作却都没能留下来。

她在群里恨恨地叹气，怪只怪自己大学选的专业不好，没什么独特的技能，证书含金量不高，财务这种核心部门又大多需要知根知底的熟人。

“要是能有时光机回到过去就好了，我一定会告诉自己，千万不要学这个专业。”她说。

可是换一个专业学习，又能怎样呢?

在这个瞬息万变的时代，早就已经没有了黄金专业一说，四年的时间太长，任何人都无法预测一个行业在四年之中的发展趋势。

我还依稀记得报志愿的那年，正是外贸和IT被炒得火热的时候，所有相关专业的学生在入学的时候都好像抱住了铁饭碗。但现实却是，等我们四年之后毕业的时候，外贸人才和程序员都达到了饱和的状态，除了少数特别优秀的人才之外，在职场的竞争中，他们并不具备什么优势。

没有什么专业能改变人的一生，真正重要的，是你为自己的前程用了多少心。

同是财会专业的学生，有的人只有初级的会计师资格证，只能进一家小公司做边缘岗，有的人却考到了业界出了名变态的CPA，早早地面试进了“四大”。

同样是学服装设计，有的人的知识只停留在考卷上，色调、布料、花纹只限于理论，而有的人却能拿出自己的作品。

这个分工不断细化的社会虽然已经不会再让任何人、任何专业享有“无可替代”的金饭碗，但只要你能够证明自己的优秀，依然能够找到属于自己的一席之地。

其次，则是知识向技能的转化。我面试过很多刚毕业的大学生，说起专业理论一套一套，但一旦到了实际问题就束手无策，他们没有自己的思想体系，抛开书上的现成内容之外一无所知。其中的一些在进入职场之后会慢慢好转，但另一些却相反，因为懂的理论太多，所以恃才傲物，难以让自己向现实靠拢。

职场中需要知识，但是也更需要智慧，需要原理，需要能力。

没有多少人在乎你能不能用地道的伦敦腔背诵莎士比亚的十四行诗，大家只关心你在跟对方的交流中，能否清晰有条理地表达自己的想法。

没有人关心市场营销的十三条黄金定律具体是什么，大家只关心你做的报告是否符合老板的要求，是否反应了市场的实际情况，是否能为下一步的行动做出指导。

你的专业应用度如何，并不取决于你的专业本身，而是在于你能将它应用到什么程度。

在刚开始工作的时候，个人往往依托于平台，一家业界有名的公司印在名片上，往往是在为我们的能力背书。但人无法永远依赖平台成长，我们需要做的，就是逐渐向“平台依靠能力”转变。

你的能力是否成熟，是否有优势，名片上的 title 用处不大。关键在于当你脱离了某个固定的平台，是否能够东山再起。把眼光转向身价，从关注工资的涨幅，到关注自己所能创造出来的成绩。

只有能力是可以无缝迁移的，是任何人都夺不走、可以安身立命的东西。

没有哪一个专业或哪一份工作可以定义你的一生。定义你的，是你认为自己是谁，秉持怎样的工作态度；是你愿意付出多少努力，来换取自己想要的人生。

没有不适合职场的性格，只有不适合工作的职商

实习季到了，这两天的公众号后台收到了很多条留言，都是有关职场中的人际交往的问题。有一个小姑娘留下这样的疑问："公司同期招的实习生不止我一个，我可以不巴结前辈不刻意亲近别人，但不能保证别人也不这样做，所以这是不是意味着如果我不主动示好，就输在了起跑线上？"

在回答这个疑问以及类似的问题之前，先给大家讲两个故事。这两个小朋友都曾经是我们的实习生，暂且把女生叫作 G，男生叫作 B 吧。

B 是个恃才傲物的小男生，全年级专业课成绩第一，除了问问题之外，他很少主动跟我们说话，午饭之后的闲聊环节从来不参与，总

是自己飞快地吃完，然后默默地坐在办公桌前看书玩儿手机。

我暗示过他：“作为新人，你总得给大家一点去了解你的契机，多参与聊天和周末的活动，争取融进集体。”

他毫不掩饰自己莫名的优越感，反问：“我为什么要融进集体，跟你们聊明星八卦家长里短的话题？我有我自己的生活，我觉得挺好的。”

我知道他口中的好是什么，是“松鼠会”里一篇篇有关电学、力学、天文学的文章，是“知乎”上某些长篇大论公式满满带着专业光环的帖子，是“虎嗅网”上那些高深莫测的科技贴。他自以为占据了信息的前端，自然对八卦闲聊不感兴趣。

他甚至给了我一个有些悲悯的眼神，说：“一个人懂得越多，被理解的机会就越少，你们不了解我，我也不强求。”

那一年我们招了八个人，留下六个。没被留下的除了另一个实习六个月休了三个月病假的女孩儿，还有他。

考评的时候我正巧出差，回来之后发现他已经走了，问起邻桌的女孩儿，她努努嘴：“没人给他的考评成绩写推荐呗，老大挑人的时候，也先问了大家的意见，他这种人，谁想跟他做同事啊。”

第二个小故事，是关于女生G的。

G是我们招过最活泼伶俐最会来事儿的小姑娘，嘴甜得不得了，一进公司就满口“老师”，哄得前辈们十分受用。她每天都积极地帮大家擦桌子，帮大家倒水、订外卖、送发票，抓紧一切机会跟前辈和老大们在茶水间偶遇聊上几句。她跟大家套近乎拉关系的态度殷勤得近乎卑微。

可即便如此，她依旧没能在转正的激烈竞争中胜出。公布测评结果的那天，我听到她在一边带着哭腔问她的师父："为什么不留下我？"

"你今后要把关注点移回自己身上，别总是想着如何去讨好别人，太急功近利，反而什么都做不好。"我的同事这样委婉地说道。

看到这里你可能会更加困惑，坚持自己也不对，融入圈子也不对，那到底有没有两全其美的出路，可以让职场菜鸟安身立命？

之所以会有这样的困惑，是因为你们和我一样，都刻意地回避了这两个故事中的关键点，即个人能力。职场与校园生活最大的不同，并不是称呼从同学换成了同事，也不是从洁白的象牙塔步入妖气横生的黑森林，最关键的一点，是从信息交换步入价值交换。

我们在学校时喜欢八面玲珑的万事通，在职场中，却更关心这个人是否能够按时按质地完成自己的任务。我们在学校时崇拜门门课都得A的学霸，在工作中却更关注这个人是否能如期地签下合同。你的成绩能否转化为能力，你的关系能否转化为业绩，这才是顶顶重要的事。

在大多数的企业中，你是谁其实没那么重要，你是什么性格也没那么重要，重要的是你是否能够做好手头上的事。

B落选的原因，不是因为他清高孤傲，而是因为他从不按规则行事，连公司PPT模板规定好的配色字体，他都常常换成自己喜欢的风格且从不听劝。他经手的很多工作都需要其他人返工一遍，一边心急火燎地返工，一边还得听他冷嘲热讽你的审美。

G 离开的原因，不是因为她八面玲珑，而是因为她每天把太多的时间用来讨好别人，自己的任务却总是拖延。我们做前期工作的一个小时延误，就会导致做后续环节的同事雪崩似的加班，一次两次尚可容忍，可是常常如此，谁也不愿给自己留下这样一个猪队友。

我跟很多职场前辈聊过对新人的期望，几乎无一例外，对于性格方面的要求只有一个：不要影响到自己的工作。

你可以沉默寡言，但是不能影响跟同事正常的工作沟通；

你可以特立独行，但是你的成果要遵守既成的规范和规定；

你可以无微不至，但前提是有足够的精力兼顾工作的质量；

你可以是任何一种人，只要你能完成自己该做的事情。

职场的生活是一场连续的互动博弈，作为团队中的独立个体，用不着你智商爆表，也不用你长袖善舞左右逢源。

如何发挥自己的实力，如何在展示自己的时候让合作伙伴也感到愉快，如何不断地自我提升，创造更大的价值，这才是职商。

正如我很喜欢的约翰·肯尼迪总统的那句话：

如果我们很强大，我们的价值会不言自明；

如果我们很弱小，再多的言语也无济于事。

你能做好的事情，才是你征服世界的武器。

你给我月薪两千，还要我拼死赚钱？

一次饭局上，朋友讲起了自己公司新招的实习生，说："当初我们毕业实习的时候，是全公司来得最早走得最晚的人，生怕什么工作没做好，给自己的职业生涯留下污点。现在的孩子心真大，好像根本就不在乎。"

他带的那个小男孩儿，每天一下班比谁跑得都快，哪怕是手头的工作没做完，都照样理直气壮地下班。朋友明示暗示他几次，他不仅不听，还嬉皮笑脸地反问他：

"我实习期只拿两千块钱，就是来学习的，我只要保证今天的内容学会了就行，至于工作，本来就不是我分内的事，做不完就做不完，有什么关系？"

朋友是个个性温和的人，闻言不恼，反而好声好气地跟实习生讲道理：新人都是这样钱少事多的，你要好好干，抓紧时间提升自己等等。

小男生从鼻子里喷出一个似是而非的笑声，对他说："师父你别逗了，资本家都是这样诈骗劳工的，多少年过去，连花样都没翻新一个。我也不是不能干活，你现在给我转正涨工资，我保证明天就起早贪黑，干得比谁都好，比谁都多。"

看着他扬长而去；看着他我行我素；看着他实习期结束，卷面考核成绩第一，却被分配到一个很边缘化的部门，做着一些没什么含金量的辅助性工作；而那些不如他聪明，没有他有才华的同期实习生们则纷纷被派到很好的团队，做很好的项目，轻松地拿下一个又一个奖，平步青云，他一时感慨万千。

明明拿了一手好牌，偏偏作了一把好死。男孩儿的工作内容离公司的核心业务差了十万八千里，过几年跳槽也罢，留在这儿混吃等死也罢，都没什么竞争力。

朋友十分为他惋惜，长吁短叹，说那个小男生是他们这些年招到的为数不多的聪明孩子，可是光聪明能怎么样呢？

他根本就没有得到展示自己的机会，一开始没有，今后也不会有。只希望他运气好，能赶上某个重大的契机扭转自己的命运。

可是生活又不是演电视剧，你又没有主角光环，想在最不起眼的地方出头，哪有那么容易。

公众号后台有个小朋友给我留言，说自己刚刚找到了一份实习工作，工资特别低，但是工作特别辛苦，常常连周末都要加班，工作日的每天晚上干到八九点更是常态。

身边的朋友都劝她，拿多少钱的工资操多少钱的心，公司又不是自己家的，为别人打工那么卖命做什么，弄得差不多就可以了。

她情感上很是认同，理智上却觉得不对，于是想到留言问问我的看法。

“不分青红皂白就拼命苦干，好像真的有点儿亏，可是不干吧，又很害怕被淘汰下去。我是不是应该保存一些实力，等到转正了之后再拼呢？”她这样问我。

我想了想，这样回答她：“如果你每天的工作都是简单的重复，虽然费时间但没有任何技能的增长点，就趁早辞职另谋高就。如果正相反，那么不管拿多低的工资，都要尽最大的努力将事情做到最好。”

吴军老师在《浪潮之巅》一书中，反复提到科技行业中的“赢者通吃”原理：

一个企业做得越大，就越能得到更多的优质资源，进而促进自身在下一轮竞争中胜出。而排名第二第三的企业，虽然名次接近，获得资源的优质程度却要比第一名逊色很多，最好的企业只会去找最好的企业合作，强强联合又创造出新的浪潮。

做不到业界领先，就只有分食市场的残羹冷饭，科技行业中每一轮的角逐都接近白热化，没有人会特意保存实力，因为只要输掉第一轮，就很难再有翻身的机会了。

商业市场如此，职场亦如此。一个人的发展顺风顺水，与其说是靠能力或者靠运气，不如说是靠优势积累，最后成为不可逆转的惯性。

你表现出色，才能得到更多的机会，有了挑战，才有进步的可能。任何一个公司核心团队的成员都一定是最能干的精英，与这些人在一起工作，跟在边缘岗位自己闷头学习，成长值完全不能相提并论。

能不能抓住第一个机会证明自己的意愿和能力，从来不仅仅是一个开始那么简单。那是一个开始，也可能是一切的结局，有时候错过了这趟车，下一趟你也挤不上去。

不要太容易相信金子放在哪里都会发光这句鸡汤，职场中很多工作都是日复一日的简单重复，少数关键性的、创造性的工作都被公司的精英垄断着。

即使你每天破纪录地处理一百份文件，也不如别人签下一个单的曝光率高，一个人再有才干，没有合适的机会来展示自己也是徒劳。

不要问“要不要拼”“值不值得”这样的问题，只问自己“想不想留下来”和“我在工作中有没有进步的机会”。

若答案是肯定的，就尽全力做好手头上的事，不要满足于85分的优秀，尽量去争取99分的惊艳。

反之，就趁早离开。

别抢风头，但也别错过机会。

懂得控制情绪的人，都厉害成什么样了

公司楼下开了一家饭馆，主打广式咸粥，味道好上菜又快，很快成为我们频繁光顾的地方。

饭馆不大，除了老板一共只有三个服务员和一个厨师，常接待我们的那个姑娘小徐高中毕业一年，是个爽利热情的川妹子。我们都喜欢小徐的伶俐讨喜，一来二去的，便也熟悉了起来。她家里还有个弟弟，看中这家饭馆包吃包住又能按时下班，于是便白天打工晚上自学英语，想到好一点的酒店里打工，给弟弟挣上大学的学费。

有天刚进店里就听到激烈的斥骂声，那里坐着两个醉醺醺的男人，一边指着桌上的粥说里面有头发，一边骂骂咧咧，还试图去摸小徐的手。她始终低着头，委婉解释又百般道歉，看到我们一群人进来，两个男人不得不偃旗息鼓，挥挥手像施了开恩令似的说："那就再上两碗粥，作为补偿算了。"

我们不清楚整件事情的起因，只看到小徐匆忙地安抚好厨师，然后又小心翼翼地送上粥，等到两个男人风卷残云般地吃完离开，她才松了一口气，露出个比哭还难看的微笑。

"你们放心吃，粥里没头发。"她说，"我是黄色的长发，厨师没头发，从淘米到上桌都只有我们两个人经手，粥里的黑色短发明显是他们吃了一半自己放进去的，就是为了不给钱而已。"

她的脸上还带着惊悸之后的苍白和惶然，哭腔未去，却解释得逻辑清晰合情合理。她上完粥消失了一小会儿，再出现的时候，能看出哭过的痕迹，却依旧努力地挤出笑容，像往常一般跟我们说笑。

同桌的前辈感慨："小姑娘前途不可限量，咽得下委屈受得了气，知道如何才能控制事态，也知道最重要的是什么。"

"就这样白白地受欺负了吗？"有人替她不平。

可是在那种场合下，生气、委屈和不甘心又有什么用呢？

可以据理力争，甚至可以骂回去，固然逞了口舌之快，但若是那两个人大闹，不仅会影响生意，砸坏了东西她也脱不了干系。还不如息事宁人，迅速解决问题，比争一口气更重要。

大约半年之后，小徐应聘酒店的前台成功，从粥馆里辞了职，专程打电话给我，归还之前从我这儿借走的英语书。她执意请我吃饭，在一家街边的小店里，我们聊了好几个小时，她跟我讲起自己遇到的各种难缠又奇葩的顾客，眼眶微红，却依然带笑。

“你这么能忍，是不是已经习惯了？”我问。

而她的回答，让我许久难忘：“我不是为了习惯这些人才忍的，我忍着，只是为了有天能够摆脱这些人，摆脱这样的生活。”

我们交换了微信，但是也很少联系，只是偶尔会在朋友圈里看到她的动态：

又跳槽了，去了一家四星级的酒店。

报了礼仪班，学了服装搭配，一扫之前土土的装扮，开始有了点OL范儿。

升了领班。

升了大堂经理。

谈了恋爱……

一个女孩子要靠自己的努力一步步爬上去是很艰难的，除了需要付出加倍的努力之外，还要花费更多的时间处理情绪上的负累。我无意将人的职业分成三六九等，但现实往往是，越是处在底层的工作，产生的负面情绪就越多。

打落牙齿和血吞的委屈；无处申辩又无人在意的无奈；面对刁难与找茬时的气愤；看着别人香车宝马，歆羡之余产生的不甘心与不平衡。

这些都是生活中太容易滋生的产物，像一个个黑暗的魅影，在不知不觉中将自己所剩无几的斗志吞噬殆尽。

这或许就是许多开口闭口满是抱怨的人无力改变人生的原因吧。

他们把所有的精力都用来诉苦、抱怨和生气，恨不得让全世界知道自己的艰难，从而原谅他的满身戾气或是一蹶不振。

我有位女友，毕业后进了一家名气很大的审计公司，好不容易熬完变态的培训期，接手的第一个项目却出了差错。上司交给她的原始资料有误，导致最后的数据发生了很大的偏差，客户提出投诉，连公司的高层都惊动了，在会议室里当着众人将她一通狠批，而她的上司却一言不发地坐在一旁，看着她挨骂。

挨完骂，她在洗手间里哭了很久，又没日没夜地加了一周的班，才给了客户一个交代。

由于这次纰漏，她在公司度过了十分难熬的一段时间，打杂取外卖坐冷板凳，承受着众人有形无形的质疑。我与她相识多年，深知她骨子里的暴脾气，为她在这一遭中的逆来顺受跌破了眼镜，我去她的公司附近办事，顺便约她喝咖啡，打趣道："还以为你会立刻骂回去然后拍屁股走人呢。"

"怎么没想过？"她大呼，"想过将上司的原始邮件转发给所有的老板，想过冲那些怀疑的眼神大声辩解，想过干脆冲回会议室挨个儿指着鼻子骂回去然后潇洒辞职。"

"可是我不能啊，我要是这时候走了，岂不是一辈子都得背上逃兵的称号。

"我才不想让别人觉得我是那种遇到点儿小风小浪就扛不住的尿包，老娘可是个战士。"

她深沉地看了我一眼，又咬牙灌下一杯咖啡，转身上楼加班。

不知道忍了多少委屈受了多少误解，直到成功地拿下一个又一个项目，从“那个办事不太靠谱的小女孩儿”便成了“一个基础不好但是成长很快的新人”，第二年年终的时候，她在朋友圈发了一张照片，照片中的她捧着年度最佳员工的奖杯站在台上，笑容灿烂，眼神明亮。

她的上司因为家庭原因离职，不知是出于欣赏还是愧疚，临走前极力推荐她接替他的位置。

似乎没有人再记得当年的那场误会，他们看向她的眼神中都是羡慕和欣赏。

恨过，怨过，愤怒过。

可是也深知那样的负面情绪不会因为说出口而得以消解，越是抱怨，越是不甘，就越是会加强它们的力量。

那些咽得下委屈、忍得了愤怒的人都很厉害的，并不仅仅是因为他们懂得克制，他们知道情绪之外还有更重要的事情等着自己去做。虽不能心无芥蒂，但也要尽量做到姿态好看，面带微笑，毕竟生活并不会因为你有情绪就来迁就你，它只会关注你的成果。

扯着自己的伤疤到处哭喊招摇，得不到多少同情，还会把真正想要提携你的人也吓跑。

能掌控情绪，方能掌控生活，因为被自己的情绪拖了后腿的人，才最是束手无策又无可奈何。

用人品守好你的最后一道墙

有位做投行的朋友讲了这样一个故事：

他们在香港的分公司去年招了一个新人，那是个非常优秀的应届毕业生，双学位，能流利地使用三门外语，讲话条理清晰又聪明肯干，连续加班一个月也从来不叫苦，实习期还有两个月就拿到了公司正式的 offer，职位也是向管理层发展的管培生。

投行素以高薪闻名，对于毕业生来讲，一只脚踏进了投行，就直接步入了金领的行业。新人很激动，表示愿意为公司做牛做马创造更多的业绩。公司在美国总部的几个项目他都有参与，虽然没发挥什么至关重要的作用，却也获得了很多同事的好评。

这次的新项目，是内地的一家公司向他们申请投资。这家公司还没上市，但也勉强可以算是行业领军。按照内地企业规定，未上市的公司是不需要公布自己的财务报表和资产流向的，可是这几样数据对于投行的评估却很重要。项目会议上，那个小伙子信誓旦旦地拍着胸脯表示："给我两个月，我一定把需要的所有数据都拿到手。"

这个项目对他们来讲，金额上不算太大，而且其他方面的数据基本上都已完成，他们便将这个任务交给了这位新人，让人惊喜的是，他用了不到两个月的时间，就将需要的所有数据都整理完毕了。

有了财务数据的支持，项目的推进一路顺风顺水，到了部门老大签字的时候，一位来自内地的高管看似无意地问了句："这些数据对于企业来讲，应该是严格保密的，你是怎么拿到的？"

"我有朋友在这家企业里上班，我托他找到了他们财务部的负责人，喝了几回酒给塞了点儿钱就解决了。"小伙子答得非常自然，一脸得意的模样，没注意到大家悄悄变了的脸色。刚开完会，他就被公司的法务部门找去谈话，手上的一切工作都被暂停。

"太心急了，钻人情的空子是投行大忌，他这么聪明的人，怎么就不懂这个道理呢？"朋友十分惋惜，"想要收集数据也不是没有别的办法，去税务局查报税资料，去上下游企业了解资产流向，虽然费时费力，但也不是不可能，偏偏在这种小事上栽了跟头。"

"那然后呢？"我问。

"然后他就被开掉了啊，公司可以允许能力不足的人慢慢成长，可是绝对不会留人品和道德有问题的人。"朋友说，"平时演戏谁不会啊？可人与人的交往是连续的互动博弈，日久见人心，小事见人品。”

《非你莫属》有一期的嘉宾，是个很优秀的女孩子，长相也好看，是学校的学生会主席。女孩儿落落大方，有礼有节，几乎得到了十二位老板和 HR 专家的一致好评，到了即兴问答的环节，她讲起了自己曾经为一个培训班宣传招生的事，有老板提问：“你招生的现场转化率是多少？”

她想都没想就回答：“30%。”

在座的老板异口同声地喊着不可能，其中一位从事培训教育多年的老板拿出自己的经历现身说法：“我在这一行做了十七年，转化率最高也不过 23%，你确定你能做到 30%？”

这个姑娘很快推翻了自己的答案，承认自己是“大概估算”。从那一刻开始，投向她的眼光不再是好奇和欣赏，而是质疑和责问。

主持人涂磊给她的评价非常精准：“始于颜值，陷于才华，却失于人品。”

我们常常以为，人品这个非常高大上的词只会出现在生死抉择或是存亡一线之时，但其实不是的，你的每一句话，每一个选择，每一个动作，都是人品的体现。

一个大话成瘾、套路满满的人无法获得信任，而一个善于走捷径钻空子的人，他或许可以获得一时的成功，但无法获得名望与尊重。

我有位朋友在淘宝上开了一家食品批发店。

有一年双十一的时候，订单暴涨，而之前合作的厂家给她的货却是离保质期仅剩两个月的残次品。她在电话中跟厂家交涉多次未果，为了保证顾客都能拿到新鲜的食物，她自己掏腰包，跑遍了附近的超市，将高价买回来的零食按照活动的低价出售。

只那三天，她亏损了好多钱。

有人说她傻："现在有多少人拿到东西还看保质期的啊，再说也没有过期，只不过是临近而已，你为这赔了钱又没人知道，何必呢？"

"我不管别人知不知道，反正我知道。"她坚持说。

就是这样一个"傻"姑娘，店里的东西常年比其他家贵出一两块不等，却一直生意兴隆。后来她开始自己做饼干蛋糕和一些零食果干，标价不低，却比很多名牌大店都卖得好。

后来她因为家庭原因卖掉了这家店，一次聊天，她说："很多人其实是意识不到信任成本的，想要占别人的便宜很容易，但是没有人傻到会让你一直占便宜，失去信任再去挽回，比损失一点钱再挣回来可难多了。"

那些愿意掏高一点的价格从她这里买同样东西的人，其实就是在为自己的信任付费。而信任的建立是一个缓慢的过程，由很多说不清道不明的细碎事件组成，无法巧取豪夺，更无法一蹴而就。

曾经在网上看到过这样的一段话：

你可以狡黠，可以圆滑，可以装傻，但是你一定得坚持一道底线，这个底线就叫作人品。人品这个东西，平时没什么大用，有时甚至看起来很累赘，但是关键时刻守住一次，或许就能挽救你的钱，你的前途，乃至性命。

你会因为很多原因选择一个人作为朋友、恋人或是生意伙伴，但长期的交往却与财富和能力无关，与颜值和身材无关，只关乎于人品。

守好自己的最后一堵墙，那是你的人品，也是别人与你交往的底线。

这世界上只有一种赢，
就是有资格去选择自己的人生

有天晚上跟一个姐姐聊天，不知怎么的聊到了科比，作为鸡汤党的我立刻便想起了他那句名言："你见过纽约凌晨四点的样子吗？"

从不早起的我心生向往，长这么大，都还没见过凌晨的天是什么样呢。

她顺口就说了句："纽约的没见过，曼哈顿的四点倒是天天见。刚跑完步回来抬头看那个时候的微光，真的很美。"

我计算了一下跑十公里需要花费的时间，不敢置信："难道你每天早晨都三点起床吗？"

"是啊。"她说，"我从毕业进了投行，睡眠时间就没超过五个

小时过。”

那年她二十八岁，升职做了负责企业股权融资部门的VP。她每年都要读许多本书，日程表一般从早上三点开始，一直安排到晚上十点。就连结婚怀了宝宝之后依然做空中飞人，在会议室里一坐就是三四个小时，听着来自全球各地、操着各种口音的人对着PPT滔滔不绝。

我身边有个朋友跟她差不多同时怀孕，老公一得知消息便让她辞了职在家养胎。于是她每天的生活就像是文艺片，插插花，看看电视，散散步，然后吃饭睡觉，脸上身上有新晋妈妈特有的那种甜蜜的发福。虽然胖得眉眼都走了型，却溢满了幸福的味道。

有一天，我终于还是忍不住问她：“你活得这么拼，不累吗？”

“累，非常累。”她回复我，“可是你呢？你活得不累吗？”

夹在职场的倒圆锥里尴尬地不上不下，虚与委蛇察言观色的那些人，不累吗？

背着二十多年的房债，小心翼翼地计算着收入和支出，一不小心就赤字的那些人，不累吗？

站在单调的流水线上，日复一日地做着重复的工作，加班没有补助，周末没有双休的工人，不累吗？

人生哪有轻松的过法，不过是用这一种辛苦来抵消那一种而已。

“我只是很庆幸，我可以选择自己的累和辛苦之后的结果。”她说。

有个小姑娘跟我聊天，她还在上大学，就读的是家人强迫她选的一个冷门专业。爸妈告诉她，她不需要操心工作的事，哪怕考试不及格也没关系，只要能拿到毕业证就好，他们已经找好关系为她安排了工作，只要她一毕业，就可以直接进去混吃等死。

她的人生像是一场早已经被安排好的戏，只需要像个傀儡一般按部就班地提提胳膊动动腿，就能度过这一生。

我曾经写过她的故事，另一个小姑娘给我留言："她根本就不知道自己有多幸运，像我这样没背景没关系的人，要花多少功夫才能走到她现在的位置。我现在每天都在辛苦地实习，一分钱都没有，只为了积攒一点经验，而她还有大把的时间可以享受大学生活。"

我无从判断她们谁过得更幸福一点，更幸运一点，只是不禁在想，如果人生可以交换的话，她们是否愿意去做对方？

在《这个杀手不太冷》里有一段著名的台词：

"Is life always this hard，or is it just when you're a kid？（人生总是这么苦，还是只有小时候是这样？）"

"Always.（总是这样的。）"

从来都没有哪一种人生是不艰难的，这或许是生活唯一公平的一点。

你抱着三块钱一袋的薯片泪流满面时，她端着几千块一杯的红酒暗自饮泣。

你被老板强制加班到深夜，站在街头无助地等着出租车的时候，她在凌晨的办公室里刚刚看完前一百封邮件。

你四处奔波联系实习，脚底磨出大大的水泡疼得掉泪，她瞪着空洞的眼睛望着一眼看到头的人生不知所措。

你为贫贱夫妻百事哀而辗转反侧，她为悔教夫婿觅封侯而夜夜难眠。

没有哪一种生活、哪一段年龄是不苦的，自由代替管束却带来孤单，责任带来满足又伴随负重，与其说我们的努力是为了挣脱，不如说是为了可以拥有选择的资格。

这两天在看奇葩大会，有位企业估值上百亿的女 CEO 讲述自己创业的原因："我之所以开始创业，因为它对我来讲是一种生活方式，我希望生活在一个自己想要生活的世界里，但等不及别人来创造，所以我就自己去创造这个世界。"

这或许就是努力的全部意义，不仅仅是从九块九到十九块九，从曼秀雷敦到纪梵希，从阴冷潮湿的地下室到阳光明媚的小公寓的过渡，而是可以选择喜欢的生活方式，选择喜欢的工作和公司，选择自己的交际圈子，也选择自己想要成为怎样的人。

像一块石头一般从山头上落下来，那叫惯性，而不是自由。

而努力的意义就在于帮助我们摆脱生活的种种惯性，无论它是来自父辈、童年、人性那懒惰而卑劣的阴暗面还是积习已久的不良习惯，努力能赋予我们挑选的权利，又在每一次选择和权衡之间变成更优秀的人。

你不主动选择生活，便得被生活挑选，你不掌控自己的生活，就只能眼睁睁地被别人左右。

正如那句我在网上看到的非常喜欢的一句话：

这世界上只有一种赢，那就是有资格选择自己的人生。

你最大的问题，就是太着急

周末在看奇葩大会，其中有一个叫冉高铭的小男生，二十二岁，刚刚大学毕业。两年前他在奇葩说的海选上被淘汰，今番卷土重来，迫不及待地想要展示这两年的时光留在自己身上的印记。

有点儿可惜的是，他显然选错了方式，试图用嘲笑贫穷的生活为切入点，证明自己内心的上进与不安。他那个并不好笑的穷游笑话被高晓松按铃打断，高晓松说："虽然我不大喜欢评价别人的三观，但我觉得你作为一个并不富有的人，正在侮辱这个阶层。"

出于好奇，我去翻看了这个男生的微博，虽然称不上是千百万粉的大V，但坐拥十多万粉丝，每一天的生活也看起来丰富多彩到完胜80%初出茅庐的同龄人。

他身上甚至没有一点属于年轻人特有的青涩，综艺感极强，站在镜头前侃侃而谈，试图将一个刻意打造、包装精美的自己投铅球一般扔到舞台上，只用一瞬间，就绽放出一生的光彩。

何炅给予他的评价则更为贴切："在你的表达当中，包括你对自己的人生规划，我看到了一种只争朝夕的慌乱感，你把一个特别正能量、有抱负的紧迫感表达成了一种特别哀怨的慌乱。"

他被何炅这一番话说得有些蒙，草草地回应了一句"我经历过的都是财富"就下了场，没说出口的，或许还有更为贴切的潜台词：

"太慢了，成名，赚钱，实现自己，这一切都来得太慢了，我等不起。"

他并不缺少表达自己的机会和平台，可比起那些大流量入口、捧红了一众辩手的奇葩说来讲，显然差强人意。

我有一位读者在公众号后台给我留言，觉得自己做得特别差，都入职三个月了，还没做出什么成绩，每天熬夜熬到凌晨两点做三套方案，可依然没达到让老板惊艳的水平。

说实话，我看到这个问题是有点儿吃惊，回想一下自己入职三个月的时候，每天按部就班地做完前辈交代的工作，每次参加会议都坐在角落扮演小透明，从来没想过要熬夜加班憋出个大招，做出什么碾压他人的成绩。

我回复他："你这才入职三个月，好好了解公司的规范和流程就行了，这么快就想打动老板，是不是太急了？"

他又来留言的时候显然有些气愤，说："你们这些鸡汤作者就喜欢安慰别人慢慢来不要急，不要跟别人比，我就是想要赶快证明自己的优秀，我不想等着被发现，我要主动发光，尽快让老板看见，才能得到更多机会。"

什么跟老板在电梯上畅谈理想抱负，给老板留下深刻的印象；什么主动加班在茶水间假装跟老板偶遇，用自己的敬业精神感动对方；什么另辟蹊径地做出三套五套的方案一举成名，然后平步青云碾压同期的新人。

这些 drama 的情节可以出现在电视剧中，却绝少发生在生活里。

跟老板谈抱负谈未来的年轻人，每年没有一打也有五个，如同耳旁风听了便过，你还真以为老板笑着点点头鼓励你两句，从此就搭上了成功的顺风车？

一个加班太过频繁的新人，固然可以用勤奋和敬业打动老板，但老板更看重的，是你的工作能力与效率，用苦劳来替代功劳，得不偿失。

而一个连流程规章和各部门之间分工都没弄清的菜鸟，试图用不成熟的作品来挑战团队合作的结晶，斗志可嘉，结果却往往不尽人意。

想要成为一个很厉害的人，一个发光的、成功的有钱人，不仅要看你有多努力，更重要的是要看你能坚持多久。

我带过不少的实习生，刚入职的时候如同拼命三郎转世，恨不得每一天吃喝拉撒都在办公室里解决，但这种过度紧绷的状态往往难以持久，通常是没到三个月就原形毕露。反倒是那些不显山不露水、如同缓释胶囊一般的人，更容易保持缓慢但一直在前进的节奏，走向那个最终的胜利。

我们在很小的时候就读过龟兔赛跑的寓言，可到了自己身上，却又往往对稳健二字嗤之以鼻。

我们多喜欢速成啊，两个月学会一门外语，半年从菜鸟逆袭到经理，随便努努力就想赚个盆满钵满，考前恶补啃两页书就想成绩突飞猛进。

可时光偏偏是个最最奇妙的存在，看似纵容，允许你为自己的人生按下快进。但同时，它的考验也最为严苛，每时每刻俯卧在你的身侧，看你焦虑慌张，看你匆匆忙忙，然后在你终于折腾不动的那一刻发动迅猛的攻击，让你发现自己原来一无所有，没抓住未来，没记住当下，也没留住过去。正如我很喜欢的德鲁伊的那句话：

你的生活不要太用力了，犯错误和呼吸一样平常和必须，只要你不偏执地一错再错。通常，你最大的错误就是急于证明自己，一个人 50% 的错误，长点儿记性就能解决和避免。

不辜负过去与未来的每一天，不要愚蠢地犯重复的错误，接受生活的每一个阶段，也尊重在不同阶段中不同的自己。

没有什么能阻挡你的成功，只要你稳稳当当，每一步都好好地走下去。

Part 4
嘿，要遇到很多人哦

“自己”这个东西很奇怪。它是看不见的，你需要撞上一些别的什么，人也好，事也好，才能真正地了解自己。你遇到的每一个人都会塑造或是折射你的一个方面，结合起来，那就是完整的你。

嘿，要遇到很多人哦

我家妹妹去上海实习一个月回来，委屈地哭诉："我再也不想离开家了，以后找工作也要找本地的，工资不高也没关系，只要人际关系简单，让我吃土都愿意。"

细问之下，才知道这个还没出象牙塔的丫头受了多少"委屈"：

被邻桌的大姐嫌弃衣服款式老土，影射她是小城市走出来的小家碧玉；

被腹黑的同事抢走了辛苦好几天做出的设计成果，不仅换不来一句谢谢，报告会开完之后一改之前对她的嘘寒问暖百般殷勤，一副冷脸扬到了天上，对她爱理不理；

奇葩的老板因为她迟到了三分钟就训斥了她两个小时，从个人生活习惯论证到当代大学生的思想觉悟。

她颓然地瘫在沙发里，带着微弱的哭腔说道："你们总说让我趁年轻多开开眼界，可是为什么混社会这么难？"

前几天看到一则有关何炅的新闻，在话剧《水中之书》的演出中，他还没说完自我介绍，就有一个大妈冲上台去对他又捶又打，长达一分钟之久才被反应过来的工作人员拉走，而何炅回到后台做了十几分钟的调整后回到台上，只说了这样一句话："人的这一生，会遇到形形色色的人，像我这样的人早就习惯了。"

没有指责，没有惊恐，没有不满。何炅的高情商又一次征服了娱乐圈。

相比起其他明星的尖叫、摆脸、愤怒和装可怜。何炅能做到如此，正是因为他经历过太多，从 1998 年加入湖南卫视做《快乐大本营》，应对无数的嘉宾、观众以及自己的同事，在复杂的人际关系中摸爬滚打，才修炼出一身处变不惊的好素养。

他在曾经的一次访谈上说，是他遇到的人成就了他，无论好坏。

遇到柔软，变得更加温和，遇到赞同，变得更加自信；

遇到反对，变得更加坚定，遇到奇葩，变得更加宽容。

我有一位赴德留学的好友，刚去的时候每天的对话里都是满满的抱怨。

抱怨严苛的房东十点以后就不让她用厨房，抱怨刻板的教授因为一个错别字打回她的整篇论文，抱怨每个人都像上了发条一样的精准和固执，抱怨因为语言能力受到德国学生的歧视没有人愿意跟她一组。

“我真后悔出来这一趟。”她说，“宁愿待在小镇里等死，也不想每天都受这样的折磨。”

可渐渐地，她抱怨得越来越少，或许是已经习惯了，又或许是因为太忙。

有次过年的时候我们聚餐，侍应生将桌上的果汁不小心碰翻洒了她一身，那天她正穿着件藕荷色的羽绒服，以她之前的暴脾气，一场争吵肯定是不可避免的，可就当我们做好了劝架的准备时，她却笑嘻嘻地对满脸通红不停道歉的侍应生说：“别紧张，我洗一下就好了，不需要你赔的。”

“怎么，出国一趟转性了？”大家纷纷打趣道。

“奇葩的人和事遇得多了，也就不再计较了。”她笑笑，“况且我自己也在餐厅做过兼职，自己失误了，遇到刁难你的人你得忍着，但是遇到一个肯放过你的人，真的是一整天都会变得不一样。”

“就是那种……被世界伤害过，又被温柔地相待的感觉吧。”她说。

当年的敏感和执拗褪去，取而代之的是淡定和从容。

“自己”这个东西很奇怪。它是看不见的，你需要撞上一些别的什么，人也好，事也好，才能真正地了解自己。你遇到的每一个人都会塑造或是折射你的一个方面，结合起来，那就是完整的你。

他们会让你痛苦，让你哭泣，让你恼恨；

他们会让你感动，让你开心，让你温暖。

而我们是在理解了他人的时候，才能够真正地理解自己。

每一个细微的感受以及它由何而生，希望带给别人什么样的感受，又要如何去做。这些东西是你看千万本教你如何说话、如何为人处事的书，都学不到的。

从简单纯粹的象牙塔走出去，走进这个鱼龙混杂的社会，遇到一些不好不坏的人，经历一些喜怒参半的事。

既是历练，也是福祉。

二十几岁的时候遇到什么人，真的会影响一个人的一生。

他们融入到你的气质里，融入到你的眼界里，让你不再草木皆兵，不再大惊小怪。

让你因为见多所以淡定，又因为识广得以从容。

他们让你看到这个世界，又从世界里看到自己，因为看到了更多的可能性，才明白自己想要成为什么样的人。

我们害怕跟人交往，是害怕复杂，害怕伤害，害怕看到人与人之间的不同，让我们怀疑自己的完美。

可是比舒适更重要的，是一个人的成长。

所有杀不死你的，都会让你变得更强大。

要遇到很多人哦，要用心跟他们交往哦。

每一个人带给你一个未知，每一个人都是一颗星球。

我希望你挑选的朋友是因为彼此可以毫无障碍地沟通，并不仅仅是由于“反正也没有别人可以做伴”。

也希望你认准的对手也有值得你学习超越的优势，而不仅仅是“看他不顺眼”而已。

我希望你选择的恋人是所有人选中你最喜欢的那个，而不是还未见过巫山和沧海就匆匆地将就自己的一生。

愿你遇到很多很多的人，从他们中认清那个完整、真实又自由的自己。

不想和所有人一起喜欢你，却希望你被很多人爱

我有位资深的民谣迷朋友，在赵雷和他的《成都》终于爆红之后，深夜发了条朋友圈感慨：

终于等到了这一天，只期盼他再红一点，再红一点，再多一点人喜欢他的歌。

也就是在那一两天之间，我看到更多的人在刷屏，说自己喜欢了多年的歌终究也烂了大街，说民谣这种东西只适合小众欣赏，有的甚至还带着一点莫名其妙的拈酸：你早已不属于我一个人，那我选择不要再喜欢你。

我想起我妹妹特别喜欢的那位国民男友黄轩蹿红的那段日子，她

指着他微博上七八位的粉丝数，又气愤又悲伤地跟我说："我关注他的时候，他只有几千个粉丝，还是个小透明，那时候他的一颦一笑都是我们的。可现在呢？感觉自己跟几千万人共享了一个男朋友。"

她甚至取关了他，连手机里黄轩的壁纸都换成了其他人，郁郁了好几天，声称自己失了恋。

我忍不住私聊了那位希望赵雷再红一点的朋友："难道你就没有那种自己的心爱之物被别人瓜分的心痛感吗？"

"有的吧。"她说，"可是他不是物啊，作为一个艺人，他终究要走到大众面前的，只希望他的才华能被更多人认可。这个时代做音乐太难了，只希望有更多的人喜欢他，给他更多的底气，他就能过得更好一些。"

"那你就不担心，他有朝一日也会为了迎合大众的口味而改变自己的曲风？"我又问。

她沉默了一会儿回答我："我并不要求他所有的作品都合我的胃口，只要有一首歌唱到了我心坎里就够了。我喜欢他的某一面，但也不希望他因为一部分人的喜欢，就永远只拥有那样单薄的一面，他应该是个更丰满更完整的个体。"

"我也不想跟所有人一起喜欢他，但是我希望他被很多人爱。"她说。

我恨不得为她的理智和深情点一万个赞。

认识一对情侣，男生热情开朗，哪怕是跟不认识的人初次见面，都能聊得热火朝天，女生则是有点儿内向和清冷的性格，大多数时候都不开口，只是偶尔笑笑，表示自己在听。

无疑，在朋友的交往中，男生是更受欢迎的那一个，又或许是为了弥补女友的寡言带来的尴尬，在本身的热络中，又会加入一点刻意的插科打诨，简直成了聚会上不可或缺的暖场王。

也许是觉得两人的性格反差太大，或是受了男友亲和热情人格的影响，渐渐地，女生也开始在聚会时主动地回应一些话题。她虽然话不多，却有种天生的幽默感，读的书也多，不管话题被引向何处，她都能轻易接上。

她越来越受欢迎，可是两人的关系却不复从前那般亲密。

有次出去玩儿，她神情怏怏地将我拉到一旁去咬耳朵："他说我最近话太多了，说他就喜欢沉默寡言不抢风头的女孩儿，有两次朋友约饭，明明说好了一起去，可他却没有等我。"

她绞着衣服问我："是不是我真的变得让人讨厌了？"

"怎么会？"我回答，"这个让人如沐春风的你跟从前那个冰山脸的你比起来，显然是现在更加可爱，相处起来也更加轻松啊。那你自己呢？是现在这样开心，还是从前那样自在？"

"现在啊。"她毫不犹豫地回答，"以前只有他，现在还有你们这么多朋友。"

她变得越来越受欢迎，从他的附属品变成一个独立而完整的人，我为她这样的变化感到十分的欣喜，却在几个月后，听到了两个人分手的消息。

她在电话里告诉我，他指责她变了，指责她变得肤浅虚伪令人厌恶，不再是他喜欢的那个怯懦寡言的小女生。

“当他这样说我的时候我才明白，他爱的根本就不是我，是那个可以在我面前夸夸其谈的自己，是一个永远用崇拜的眼神望着他、没有自己的生活、随叫随到的小影子，至于我这个人，他充其量也就是喜欢而已吧。”

因为喜欢，所以才想剪掉她的羽翼，将她永远关在笼中，只属于他一个人。

可爱显然更为博大，任何一段良好的关系都应该带来成长，是那种有了背靠着对方的笃定，才有力量和勇气能伸出更长触角向外，去体验更多的可能，去变成更好、更成熟也更快乐的自我。

世人往往假爱之名，而行伤害之事，美其名曰爱，却根本是一场占有与反抗的荒诞的闹剧。

在电影《狗镇》中，声称自己爱格蕾丝的汤姆在她饱受欺凌时从未为她挺身而出，反倒是出于“每个男人都睡过你，除了我”的变态心理而将她出卖。

《驴得水》中，深情对张一曼告白被拒绝了的裴魁山在她被铜匠欺负时变本加厉地辱骂她，眼睁睁地看着她被剃了阴阳头变得疯癫，没有过一丝一毫的心疼和不忍，转过身就去找校长要求分钱。

有人说这是因爱生恨，可这未免太亵渎爱情本身。

这些披着爱情表皮的东西，从来就只是占有和撩拨，得不到的就去糟践，不能完整地拥有，就加速毁灭。

那浅浅的一点喜欢，抵不过人性的自私，也比不上摧毁的快感。

那些想要捆绑你手脚将你占为己有的人，失去就失去了吧。

这世上的爱有千般面孔，但唯有一点相通，那便是逐渐走向一个更开阔的世界，止步不前乃至越活越狭窄的，连喜欢都称不上，那叫共生绞杀。

爱你的某一面，也爱你的全部，让你能如你所是，也能助力你的成长。

你发合照的时候
能不能帮我也美个颜?

有个小姑娘找我聊天，说起最近跟闺蜜闹别扭的事儿。

事情的起因很简单，两个人结伴出去旅行，一路拍了很多照片，每晚入睡前都要精心挑选几张，美美地妆点好然后发朋友圈。

她装扮自己的时候都会顺手把同伴的照片也进行同样的处理，可是她的朋友每每发出去的合照却只有自己光鲜亮丽，身边的她头发凌乱满面油光，正好衬得朋友花容月貌天生丽质。

她看到之后有点儿不爽，又不好意思为这点儿小事开口质问对方，可偏巧她暗恋的男生只给她的朋友点赞，之后又在那个女孩儿的朋友圈的下面回复了一句留言。

同一张照片，她在自己的朋友圈清新可人，在人家的朋友圈里却是无比真实的灰头土脸。

这下她抓狂了，可闺蜜的回答更让她恼火："你也太小题大做了吧，这有什么大不了的，不就是一张照片，你也至于？"

好像也是啊，有什么大不了的？

她说不上来，心里却总存着一个疙瘩。女生的友谊最是微妙，虽然这件事两人都再没提起，可她们终究再也不像从前那样形影不离了。

她问我："是不是我太小心眼儿了？可是我只是要求她帮我做这一点儿小事，好像也没错。"

我在上大学的时候，也曾经因为类似的一件小事而跟朋友分道扬镳。

那时实名制火车票刚刚普及，我们一起出去玩儿，回来出站时路过一个垃圾桶，她顺手就把我的火车票拿过去，毫无停顿地扔了进去，却把自己的那张细细地撕碎再扔。我全程目睹她的区别对待，她扔完车票又回过头来接着聊天，我却觉得心里十分不是滋味。

你的个人信息需要保护，我的就不需要吗？

你口口声声说着我们是能穿一条裤子的最好的朋友，可细枝末节处还是会将"你"与"我"分得那么清楚。

原来对你而言，我也没那么重要。

现实生活中的友谊真的很脆弱，用不着电视剧里你抢我男友我夺你家产的狗血纠葛，裂痕往往起于小事，可它一旦开始蔓延，就没了转寰的可能。我们渐行渐远，到了毕业那年，也沦落成了在宿舍楼下相遇会寒暄“吃了吗”的点头之交。

在《社会性动物》一书中，将人的社交关系分为两种：共情社交和功利社交。

所谓共情，便是喜对方所喜忧对方所忧，有共同的话题，有相似的兴趣和痛点，能够与对方产生情感联结。

而功利社交则更好理解，为了逃离孤单，为了获得陪伴，为了迟到时有人可以帮自己签到，为了吃饭时不要显得那么形只影单，两个人的友谊与其说是出于感情，不如说是出于彼此的需要。

大一刚开学的时候，我在餐厅见过不少这样的女生们，明明话不投机，却依然要围在一个桌子上吃饭，貌合神离各自玩儿着手机，几乎没有人说话。她们算不上是什么朋友，各怀各的心思和志向，凑在一起的主要原因，只是不想让自己显得那么孤僻和怪异而已。

而这样气场诡异的小群体，往往在大二的时候开始瓦解，交往的圈子从宿舍、班级开始扩展为社团和年级，开始拥有选择的权利，开始主动寻求能跟自己共情的人开展新的友谊。功利社交依旧存在，面对学生会的前辈，社团里的竞争对手，不大喜欢但是又绕不开关系的同学，也能立刻摆出热情寒暄的笑容。

共情和功利并不是谁取代谁的关系，它们并存在我们的生活之中，唯一的区别是对象不同。

我想通这个道理之前，也曾经反思过无数次：自己是不是太小心眼儿？对方到底有没有错？如果今后再遇到这样的人，我该怎么办？

可后来我明白了，我跟那位朋友的渐行渐远，其实无关于谁错谁对，无关于宽容与原谅，不过是她与我的交往基于功利，而我却在要求共情，因此才会显得格格不入，都觉得对方莫名其妙。

这世间不存在明确的杠杆来衡量朋友之间为彼此付出了多少，可终究还是有一种不平等如鲠在喉。那种不平等并不在于我为你买了饭你却忘了帮我打水，我帮你美了颜你却没帮我 P 图，或是一些让人不好意思说出口的鸡毛蒜皮。而是我对你付出了真感情，你却只当我无关紧要。

弗洛姆在《爱的艺术》里这样写：

> 不成熟的爱是——因为我需要你，所以我爱你；
>
> 成熟的爱是——因为我爱你，所以我需要你。

这句话不仅仅适用于爱情，友谊也如是。

我想跟你做朋友，不是要靠你摆脱孤单，不是要靠你帮我代购，不是要在遇到困难的时候可以找你借钱；而是我不需要你做任何事，却依然很喜欢跟你相处。

而真正能够跟你共情的人，是不需要你开口也会帮你 P 图的，这并不是因为她们会比其他人更体贴入微，只是因为在意，所以才会留心。

因为己若不欲，所以也不会施加于你。

我后来甚至有些庆幸自己是这样一个有点儿小心眼儿的人，在一些小事上发现端倪后，往往会很自觉地退回到功利社交的范围，不再强求共情，也不会再在对方身上付出心力和时间。

做不成朋友也没关系，至少能保持点头之交的体面。

也正是因为如此，我才得以走向拥有更多选择的地方，去找到那些志趣相投又情意相通的朋友，那些不用你开口就会像对待自己一样对待你的人。

而获得共情朋友的前提，并不是一味地讨好迎合，以互相迁就为名彼此捆绑；而是我们各自出发，然后在途中相遇，惊喜地发现原来你也在这里。

要知道真正无效的社交，并不是功利与功利的结合，而是明明出于功利，却还要努力扮演一副亲密无间的假象。

最好的友谊是：
不给熟人掉链子，不给生人添麻烦

有个小朋友找我聊天，她上大二，最近跟舍友闹了矛盾，很是苦恼。

事情的起因非常简单，她舍友出去实习，有天来了快递，便打电话给寝室里关系最要好的她，让她帮忙去校门口取。

她当时并不在学校，而是在距离学校还有好几站路的超市里买东西，可即便如此，接到舍友的电话依然二话没说，扔下手里的购物车就往学校赶。然而本来十分钟左右就能到的路程，却由于前方发生了交通事故而堵成一团，眼看时间一分一秒地过去，出租车半分都动弹不得，她索性下了车，自己跑回学校。

那几日连晴，气温高达三十五摄氏度，她气喘吁吁地赶到校门口时，快递小哥早已不见了踪影。她连忙拨电话跟舍友解释，舍友却说：“快递说等了你半个多小时，别人的东西都拿完了你还没来，所以就说明天再来送。你不方便取就早说嘛，早知道就让 ×××（另一位舍友）去帮我拿了。”

她汗流浃背地站在校门口，听着舍友带着点儿抱怨的口吻说着“早知道”，忽然觉得很不是滋味。

虽没明说，可女孩子的感情很微妙的，自以为藏在心底不为人知的那点儿不满和怨恨，像是溢满的水盆，挡也挡不住地渗漏出来。

终于在一个晚上，宿舍的几个女孩儿在闲聊某个明星的八卦，那名舍友开玩笑说“早知道当时就应该多收集一点她的签名了……”时，她没忍住接了句：“早知道早知道，要是你什么都早知道的话，还用得着跟我们这种凡夫俗子住在一起吗？”

宿舍里嬉闹的气氛瞬间被她打破，舍友丈二和尚摸不着头脑，有点儿尴尬地说了句：“闲聊而已，你这么认真至于吗？莫名其妙。”

两人从此便陷入了冷战，谁也不主动跟对方说话。

她想了一个星期，来找我诉苦，说：“我穿着五厘米的高跟鞋为她狂奔两站路去取快递，没拿到我也很郁闷啊，她也不问问我人在哪里，为什么去晚了，一口一个早知道，好像只有她聪明，而我是个傻瓜似的。”

我问：“可是你既然不在学校，不方便帮对方取东西，为什么不明说呢？这样她可以找其他人，而你也不用急匆匆地赶回去，不是更好？”

“因为我把她当作好朋友啊。”她说，“我就想为她做点儿什么事，哪怕是自己麻烦一点，也不想让她失望。”

年少的时候谁不是啊，愿意为朋友两肋插刀，一句拒绝也说不出口，不忍心给对方哪怕一点点的失望。

只是你竭尽全力，真的就能避免失望了吗？并不见得。

人心最是吊诡，你以为自己可以无怨无悔不求回报，潜意识里却还是期待一句感谢。

你为难了自己，却只换来对方的轻描淡写，情感的天平瞬间就会失衡，从“我想为对方做点儿什么”转变为“这个人怎么这么不领情”。

经济学上有个名词叫作 overcommitment（过度承诺），如果你在词典上查找，还会出现另一个释义：毁坏契约。

应承自己无法做好的事，哪怕你竭尽了全力，却依然是破坏了自己的信誉也耽误了别人的事情。你搭进去了精力，对方也赔了时间，这尚且算是不错的结局，争吵、冷战乃至绝交，都有可能是过度承诺的结果。

让我们最头疼的人，其实并不是那些从一开始就拒绝了我们的人，而是拼尽自己一身的本事，最终还是得到个差强人意的结果，事情没办成不说，还落了个天大的人情在我们的肩上。

友谊和任何一种感情一样贵在细水长流，用力过猛反而会适得其反。

认识一位姐姐，她有一条很重要的为人准则：需要辗转三层以上关系的事情，自己一定不会应承。

如果你拜托我做的事情，我需要找到A让他找到B再联系C，那我会直接告诉你，抱歉我不能帮你。

“可人脉不就是这么发展出来的吗，有什么不可以？”我问过她。

“因为我无法确定B在C心中的地位，是不是跟我在A心中的地位一样高。”她像说绕口令似的解释道，“我无法保证，最后真正帮忙做这件事的人是不是跟我一样，把它当成顶顶重要的事情去做，如果最后的结果差强人意，反倒会误了别人的事。”

她说：“我宁可一开始就拒绝，也不想做出超过我能力范围的承诺。每多绕一层关系，就增大了不确定性，到了最后，事情的发展就会完全超出自己可控的范围。若是能够圆满解决倒也罢了，只要其中一环出了差错，我就无法向拜托我的那个人交差，既然如此，还不如一开始就互不耽搁。”

以她近乎冷酷的理智，似乎应该是个很不受欢迎的人，但她人缘却极好。

跟这样的人做朋友是很轻松的。

不会太勉强自己，让你猝不及防地欠下一个大人情，也不会言而无信，草率地应下一些事，然后又不管不问。

不给熟人掉链子，不给生人添麻烦。

将自己的关系打理得如同一杯温开水，淡而隽永，舒适安和。

或许这才是最合适成年人的交际状态吧，毕竟生活中并没有多少事是真的非你不可。实际情况往往是，你自以为为对方付出良多，最后却只能得到一个差强人意的结果，两个人最后一个满腹委屈，另一个无可奈何。

力所能及，应该是我们人际交往的基础。

别高估自己的无私，也别低估别人的需要。

我不恨你，但也永不原谅

女友小音从爱尔兰回国，在北京的一家知名设计公司工作。有次她约我吃饭，那是一家火锅店，正是下午用餐高峰的时候，门口等餐的人排起了长龙。当我们的号码马上就要被叫到，正在商议着待会儿要点些什么菜时，有两个女人挤到了我们前面。

年轻的那位看上去只有二十多岁，另一个中年妇女抱着孩子站在她的斜后方。年轻的女人气势汹汹地质问服务员：“我们明明有订位，为什么还要让我们排队？”

服务员解释说：“订位只在预定时间的半小时之内有效，过了半小时预定就会作废。”

她心不甘情不愿地又提出把自己的号码排在等餐长龙最前方的要

求，被婉拒后回头冲着那中年妇女便是一通牢骚：“都怨你啦，就不能早点儿给小宝收拾，小孩子不懂事你怎么也不知道时间，排这么长的队，都不知道要到什么时候才能吃上饭。”

中年妇女显然已经习惯了如此的抱怨和训斥，只是诺诺地点头赔着笑脸，而她怀里抱着的孩子睡醒后发现自己到了一个陌生的地方，便开始大哭大闹起来。

年轻女子早已找个凳子坐下，又不耐烦地说：“你赶快把奶嘴给他呀，愣着干什么？让他这样吵。”

那时正是盛夏，中年妇女的背心早已湿了一片，佝偻着腰，孩子不停地在她怀里扭动，她掏奶嘴时不小心把手机掉到了地上，年轻女人立刻便是一通数落：“真是什么都干不好，一刻也不让人省心。”

我和小音目睹了两人上演的整场闹剧，坐定点完菜后，我说：“不知道那一位是媳妇还是女儿。”

“都不是。”小音说，“是雇主和保姆的关系。”

“你怎么知道？”我问。

“因为那个中年妇女是我当年的班主任。”她说，“她不认得我了，可我还是一眼就能认出她。”

那个当年因为她成绩不好，动辄讽刺她“你是不是个猪脑子，这么简单的题都能错”的女人；

那个因为撞见她跟班里学习最好的男同学分享一副耳机听歌，就当着全班同学的面骂她“小小年纪就学会勾引男人，自己不上进还耽误别人，下贱不下贱”的女人；

那个差点儿把小音逼得跳了楼的女人。

幸好她的父母开明，第二年就替她转了学。她在新的学校里发掘出自己在艺术设计方面的天赋，高考前就申请到了爱尔兰一所设计学院的 offer，一路顺风顺水地毕了业，又从事了自己心爱且擅长的工作。

同学群里偶尔也会传来有关这位老师的八卦，说她的儿子迷上了赌博，连房产都抵押出去了，儿媳一气之下提出了离婚，带着孩子回了老家，她倾尽家产才把儿子从高利贷里解放出来，由于职称不高，学校不愿返聘，微薄的退休金补不上儿子的黑洞，便只好自己出来打工赚钱。

“现在想想，她那样骂我的时候，大概就是家里闹得最厉害的时候。”小音说，“我可以理解她生活的不容易，可是为人师表，她怎么能把自己生活的不如意都施加在比她更弱的人身上？”

那时的小音只有十四岁，带着她赋予的“猪脑子”和“下贱”的称号，头上像是扣着一个肮脏的泔水桶，往来的同学都向她投来嫌恶的目光。她没有朋友，像是角落里生长的阴湿的苔藓，自尊心被撕得七零八落。

“如果没有她，或许我也不会成为现在的我，就在学校里混混日子，然后考一所三流大学，毕业之后随便从事什么职业。可这不能抹杀她对我的伤害，她不会知道，一个被毁掉的人在一点点把自己缝补起来的时候有多痛苦，又有多难。”

“你恨她吗？”我问。

“恨过，现在不恨了，但也永不原谅。”她说。

我从前写过另一位朋友，在职场中被经理潜规则，她抵死不从，却被对方的明枪暗箭弄得无立足之地，差点儿患上抑郁症，只好裸辞，在家待了半年，晚上常常以泪洗面。

所幸后来她找了一份很不错的工作，又一改之前的怯懦和懵懂，拼了命地干活，很快便也坐上了部门主管的位置，工资翻了两倍，又很得上司的器重。

她加入了一家保护女性职场安全的 NGO 组织，几乎把自己所有的业余时间都搭了进去。提供咨询，联系律师，收集证据等等，有时会觉得，她并不是在帮助别人，而是在帮助当年的自己。

现在有多上心，当年就有多难过。

有人跟她说：“其实你应该原谅你的经理，要是他不把你逼到绝路，你也发挥不出这么大的潜力，不可能有今天这番成就。”

“可我宁愿不要有。”她毫不犹豫地回答说。

她当年是很天真烂漫的，可我好像已经许久没见过她那不设防的笑容了。

马薇薇在最新的那集《奇葩说》里说道：“我们本来可以自由地生长，我们应该属于花园，每朵花都应该开在它想开的时候，如果不得已，让我们在一个角落委屈地绽放，那也不要去感激将我们移植出沃土的那些人。”

在《我在伊朗长大》里，我很喜欢十四岁的玛赞出发去奥地利时，外婆对她说的那段话：

人的一生中会遇到很多坏人。如果这些坏人伤害你，就对你自己说：这是因为他们愚蠢。这样你就不会对他的残酷做出反抗了。因为没有比仇恨和复仇情绪更糟的东西了……永远保持你的尊严，真诚地对待你自己。

可是有时候，保持尊严并不是口称宽容，而是我不会搭上自己的余生去恨你，因为这不值得，但我永远也不会原谅你。

不想自欺欺人，以宽容乃至感谢的名义美化你对我的伤害，我会带着这样的伤害好好地活着，但那丑陋的伤疤，无论如何也不会开成一朵玫瑰。

《雪中悍刀行》里说：轻仇者寡恩，轻义者寡情。

我的爱与恨都很珍贵，因而也舍不得让自己的原谅和感激变得那么轻佻和随意。

拒绝要趁早

女友 H 在深夜里跟我大倒苦水，说自己现在陷入了一个非常尴尬的两难局面。

她生得腿长腰细颜值高，乍看有几分神似年轻时的王祖贤，工作的地方又是一家以男性居多的金融公司，因此在工作中很受关照，完全没见过什么职场险恶，扑面而来的都是浓浓的善意。

她的直属老板也对她颇为照顾，不仅在工作上给她事无巨细的提点，就连公司内部的一些情报、投资人喜欢什么样的项目报告、总监有什么忌讳和喜好、跟其他部门沟通的一些小技巧、每位同事是什么性格等等，也毫无保留地告知。

在同期的菜鸟们还在犯一些低级错误的时候，她就已经完美地避开了所有暗礁，在他的提点中一路顺风顺水地连升三级。

连公司的 CEO 都听说了这位又美丽又能干的新晋干将，在年会上与她共舞一曲，对她出色的工作业绩赞不绝口。

他们公司时常加班，有时到了深夜，老板会带她一起去吃个夜宵，聊聊天，送她到楼下，礼貌地道个别。他是个已婚多年的中年男人，公司聚餐的时候也常携妻带子一起参加，一副和美的模样。正是因为目睹了这样的和美，当他对她百般提点之时，她仅仅把那照顾当作是前辈对晚辈的善意和欣赏。

直到一次出差，他们请客户吃饭，饭局之后微醺的他将胳膊搂在了她的腰上，她又惊又怕，像触了电一般闪开，而他恼羞成怒，质问她是不是想要过河拆桥。

“你以为没有我，你能走到今天这一步吗？我能怎么把你捧上去，就能怎么把你拉下来，想白利用我往上爬，门儿都没有。”他甩下这句话走了，留她呆立在那儿不知所措。

“我反省了又反省，觉得根本没有做出任何越界的举动，也没有给过他任何暗示，我从来没有向他要求过资源或者帮助，凭什么他调戏不成，竟拿这个来威胁我？”

她险些在电话那头哭出声来：“现在所有人都觉得我很优秀很出色，他要是这会儿给我使绊子把项目搅黄，大家会怎么看我？我不会因此就去做小三儿，只是觉得特别委屈，明明我没有错，为什么会走到现在这一步？”

等她平静下来之后，我问她：“那你扪心自问，自己的能力在同期的同事中是不是最出挑的？”

“不算是。”她说，“有两三个人都比我厉害得多。”

“那他舍近求远，放弃最优秀的种子兵来对你百般提点，你就没有觉得有什么不对头？”

她沉默了一会儿回答我：“是有的吧，可是开始的时候，他连一点想要越界的迹象都没有，虽然我心里也有点儿不踏实，却没有拒绝过他的好意，毕竟有了他的帮助，我也可以更快地走上晋升之路。”

可是姑娘，你都那么聪明，他又怎么会傻。

在茨威格给被送上断头台的奥地利公主玛丽·安托瓦内写的传记中，有这样一句话：

她那时候还太年轻，不知道所有命运赠送的礼物，早已在暗中标好了价格。

职场中，上下级，老男人与小美女，在这样的关系中，哪有什么不求回报的付出？不过是在肮脏的欲望之上，包裹了一层看似华丽的糖衣。

刘润老师在他的专栏中讲过这样一个小故事：

某报业大亨问明星：“100 万美元共渡良宵怎么样？”

明星点头。

大亨又问：“100 美元一夜怎么样？”

明星大怒：“你把我当什么人了？”

大亨说："你是什么人，我刚才已经搞清楚了，现在我要做的，仅仅是确定价格。"

人际交往的底线从来都不会忽然一下凭空消失，是日复一日的暧昧和默许，才让人际关系的边界慢慢模糊，给了对方明目张胆的理由。他陪你加班，你陪他宵夜，你告诉自己这也不过是上下级之间真诚有礼的交往，可在他眼里，你们的关系则又近了一步。

哪个初入职场又有点儿野心的人没有些许浮躁和虚荣？而这样的情绪亦最容易被那些伺机而动的有心人所利用。你想踩着别人的肩膀走快速通道，也要考虑自己需要为人家肩头的那个脚印付出什么代价。

别等到退无可退的时候才拒绝，那便只剩下鱼死网破。有些分寸，从开始的时候就不能退让，有些好意，从最初的时候就要拒绝。

我曾经也犯过类似的错误。

在上大学的时候做兼职翻译，有次公司给了二百多页的资料要翻译，又刚好临近期末考试，我的一位同学来宿舍串门的时候看到我正焦头烂额地奋笔疾书，于是便主动提出要帮我一起翻译，并坚决地拒绝了我将费用也分她一半的提议。

"我的英语一般，也就是练个手而已，谈钱就见外了啊，放心吧，我一定帮你弄好。"

她这么说着，取走了三分之一的资料，可是直到我翻译完余下的三分之二，她都没有把自己的那部分完成给我。

我去找她了几次，她总是推脱"快了""马上"，我不好意思再

“你变了”“是啊”

周末在家看奇葩大会，其中的一位选手是公众号深夜发媸的主办人徐妍。借着自媒体风潮赚得盆满钵满的她，在节目上讲起自己因为被太多读者恶意攻击而陷入抑郁症的故事。

印象很深的是，她在讲到网络暴力的时候，用这样的一句话作为开端：“他们会说，你变了。”

你不再是我喜欢你时那种特立独行的调调；你身上沾染了商业的味道不复当初的纯粹；你江郎才尽写不出更好的作品；你为了应和大众审美变得越来越不酷。

铺天盖地的留言全是不满和指责：你不是最初的那个你了。

跟一位做公众号的朋友聊天说到此事，他立刻心有戚戚，他因为最近开了自己的分答，被一干读者骂得狗血淋头。他从开公众号伊始便一直有自己的读者群，从几十人到几百人，每天在群里跟他们东拉西扯，顺路解答各种情感、职场和成长问题。

随着人数越来越多，问题的数量也在直线上升。因为聊天信息太多，之前回答过的问题也总有人反复提问，他索性开了分答，将提问的二维码抛进群里，这一下便炸了锅，他们纷纷质问他：

“我们都认识这么久了，你还要收钱，至于吗？”

“你也太薄情太拜金了吧，居然连回答个问题都要收钱？”

“你从前不是这个样子的，我要取关，以后不喜欢你了。”

明着来的长枪短炮都不算什么，最让他郁闷的，是那种“你变了”加一串省略号的留言，欲言又止却又直接取关。

饶是自称刀枪不入的他，也忍不住在群里挨个戳我们私聊：“我是不是真的做错了？还是最近文风变化太大但自己没感觉到？”

“你变了”这三个字真的是无敌杀，连上下文都不需要，只用这三个字，就足以让人生出满满的内心戏。像是只小手在不停地撩拨，明明不是什么致命的武器，却又让人感到说不出的抓狂难过。

我的一位发小在机场偶遇前男友，得到对方“你变了”的评价。忐忑不安地熬完两个小时，刚刚落地就对我夺命连环 call，焦虑而又有点儿落寞地问：“他说我变了，他什么意思？”

在我反复的安慰中，她终于确认了自己的容貌和身材与当年一般无二，魅力有增无减，既没让前任看了笑话，也不至于让对方后悔爱她一场。

刚放下手机松了口气，又收到她的微信："他是不是觉得，我已经不复从前那种天真活泼，身上再也没有那种少女气质了？"

我没法儿回答这个问题，她因此郁郁了好几天，就连她老公周末回来也被她抓住逼问。

"你有没有觉得我变了？"她一双杏仁眼灼灼地盯着他，藏不住焦灼和忐忑。

"是啊，你变了。"他回答，面色平静，"认识你的时候就是个任性的小姑娘，现在是个贤惠的妻子了。"

"以前动不动就要小性子关机失踪哭鼻子，现在也学会做饭洗衣操持一个家了；从前是个漂亮的女孩儿，现在是个妩媚的女人；你变了，但无论是从前还是以后，无论是哪一面，我都爱你。

"能陪在你的身边，能见证你的变化，我很荣幸。"

那大概是她此生听过最美好的情话。

人生刚开始的时候，总是像一个洁白扁平的单面体，在成长中遇到不同的人，经历过一些事，处在不同的情境之中，每一次跟生活的过招，都会让我们原本单一的性格变得更加多元化。

从单薄易碎的明镜变成钻石一般更加丰富坚强的多面体，或许一路遗失，但也必然一路收获。

成长的残忍和欣喜之处在于，我们或许也不大喜欢这个变化着的自己，但只有接受这样的变化，才能走出那个安全却束缚着自己的茧，从一片沼泽走向山川之大，江海之阔。

你变了。

是啊，谁不变呢？

从来都没有“站在原地等待”这一说，无论是友谊还是爱情，从来没有一成不变的天长地久，只有那些一起上路，一直并肩战斗走下去的人。

一起变化着，见证彼此的纠结和奋斗，眼泪和怒火，委屈与快乐。

旧时的那个我，已经配不上现在的自己了。

我们终于可以不再用一个印象中的标签去定义彼此，不用仅凭叙旧和追忆来确认友谊或爱情。一起成长，一起变化，一起成为那个跟从前不大一样的人。

你是比我喜欢的那一面更加丰富的存在。

能亲眼见证一场蜕变，是你之福，亦是我之幸。

还好不止如初见。

你爸妈欠你什么？可能是欠抽你

一向大大咧咧的小 M 难得找我吐槽，这已经是本月的第二次，她妹妹开口跟她借钱。

不为应急，没有意外，妹妹借钱的时候连借口都没找，开门见山地跟小 M 说："姐，你借我两千块，我想去买包。"

第一次她毫不犹豫地给了，并且大方地说了不用还。可还没过半个月，妹妹又来找她，说看上了一款好几百的口红，可是卡上没有一分钱。

她忍不住问了缘由，这一问，妹妹却红了眼眶："我现在才知道，穷养的女孩儿多可怜，既没安全感又没吸引力，从今开始我要好好地富养自己，才能弥补我原生家庭的创伤。"

小 M 一脸不解地反问："什么叫原生家庭？有什么创伤？"

于是妹妹就讲述了自己的一段失败的恋爱史。她认识了一个男生，两人见了几次面，一来二去的她就动了心，主动将自己升级为女朋友，每天夺命连环 call，各种疑神疑鬼偷看手机邮箱，就连他跟公司里的女同事一起乘电梯下楼，她也会立刻摆出一副"我才是正房"的敌意脸。

男生忍无可忍地提出了分手，她伤情了几个月，翻了一些心理学的书，终于找到了问题的根源。

"你想想咱们小时候，爸妈整天在外面跑，根本就不关心我们，我想要一双舞蹈鞋，他们好几个月都没给我买，既没有精神关怀，又没有物质保障。书上说了，小孩子缺爱又缺钱的话，长大就很容易没有安全感，心里像有个黑洞，怎么也填不满。"

小 M 被她文艺的比喻搅得头大，本能地反驳道："你没有安全感是因为你工资低好吧？一个月两千块钱，连自己都养活不了，你要是闲得无聊就学点儿技能，工资涨了不就有安全感了？"

谁知却换来了妹妹的一张泫然欲泣的脸："我就你这么一个姐姐，你忍心看着我孤独终老吗？"

小 M 给了钱，有点儿郁闷地问我："她说的那个什么原生家庭，好像还挺有道理的，但是我跟她同一个爸妈生养，我怎么没觉得自己有这个问题？"

我曾经跟一位做心理咨询师的朋友聊天，就说到过精神分析和原生家庭的问题。

“这种分析真的有用吗？”我问他。

“怎么说呢。”他苦笑一声，“本来应该是有用的，理清了根源之后，就应该着手去解决问题。可是很多人来咨询完前两次，找到问题之后就不来了，他们根本就不在意如何解决问题，反正千错万错都是父母的错，找个替罪羊就行。”

我从前带过一个实习生，是个特别嗲的小姑娘，办事能力极差，但撒娇能力一流。工作上每每有了漏洞，不思考如何弥补，先拉着你的胳膊一通摇晃，模仿那种十岁以下儿童的声音说：“哥哥/姐姐，那你帮我弄了呗，你最好了。”

我明示暗示她多次，职场上没有兄弟姐妹，只有同事，自己的事情自己做好。可她竟充耳不闻，完全帮不上忙不说，还总是给别人添乱。

决定让她走的那天，她来找我，哭得梨花带雨：“我也不想这样，可是我从小到大都被爸妈溺爱，什么事都不让我做，什么问题都帮我解决，所以才把我养成了这个样子，我也没办法……”

“那你爸妈遇到问题的时候，是自己解决，还是依靠别人？”我问她。

她被我问得一愣，想了想说：“他们自己解决吧。”

那不就对了，你爸妈自立自强的那一面你看不到，偏偏拿他们对你的爱说事儿。

都说耳濡目染言传身教，你却只学会了发嗲撒娇。

心理学上有一个名词叫作习得性无助，指的是一个人面对问题或压力时无能为力的状态，但之所以是习得性，也就意味着它是后天不断养成的一个过程。

这或许也就是为什么原生家庭正在成为所有问题的替罪羊。

敏感多疑，是因为父母没有提供一个稳定富裕的生活；冷漠无情，是因为原生家庭的相处模式不够和谐；压力山大，是因为父母将自己的生活压力转嫁给你；竞争力低下，是因为父母溺爱的捆绑；内向自卑，是因为打压式的教育。

可我们最无计可施的，恰恰就是自己的原生家庭模式，正是因为它的积重难返和不可逆转，才为我们提供了逃避的温床。

“这也不能怪我”“我也没办法”“我尽力了”“都怪我爸妈”等等，这些借口可以有效地让我们停止自责，挽救我们濒临破碎的自尊和自信心，不断强化这种生活逻辑，然后遭遇更多的挫折，继而更加憎恨自己的父母。

你大可以去恨，可是这可以解决任何问题吗？

你的父母不欠你什么，你活蹦乱跳地长到了十八岁乃至二十几岁，早就应该有能力控制自己的情绪，决定自己的长相身材，掌控自己的人生航向。

将生活中所有的过错推给父母，与其说是没良心，不如说是不想对自己负责。

我们或许一生都无法彻底洗清原生家庭留在身上的印记，有些是好的，但也有坏的，就像一些不可更改的出厂设置。想要完全摆脱或是否认，最后不过是两败俱伤。

与其说成长是一场和解，倒不如说长大的过程本身就会给我们力量，在发现并且了解存在于自己人格中那不大好的一面之后，获取更多对抗它、改变它、抑制它和战胜它的力量。

只有有了能控制那一面的能力，你才会得到自由。

在那个流传很广的印度小故事中，每个人的身体里都寄居着两只狼，他们残酷地互相搏杀。一只狼代表愤怒、嫉妒、骄傲、害怕和耻辱；另一只代表温柔、善良、感恩、希望、微笑和爱。

正如原生家庭带给我们的烙印一样，就像硬币的两面，相互对抗，但又相互依存。

哪一只更厉害？

你喂食的那一只。

最长情的陪伴，是父母给的教育

在日本旅游的时候遇到一对母子，我们同乘一辆大巴，前一天晚饭结束的时候导游强调了两次，早上八点准时从酒店出发去看芝樱祭，可到了集合的时候，准时上车的人却寥寥无几。

那对母子在八点十分的时候匆匆跑来，上车之后并没有立刻落座，妈妈俯下身来摸摸孩子的头低声说着什么，像是安慰，又像是鼓励。

终于，那小男孩儿点点头，红着脸却很坚定地对着车厢里的乘客鞠了一躬，说："都是我贪睡才迟到了，给大家添麻烦了，十分抱歉。"那孩子看上去只有三四岁的样子，在众人的打量下有些不好意思地低下头，又鞠了一躬，才慢慢走回座位。

我们的座位正巧只隔了一个过道，小男孩儿坐在靠窗的座位，有些闷闷不乐的，我跟他的母亲交谈："其实你们也不是最后上车的，晚几分钟也没关系。"

"约定好的时间，晚一分钟也是不对的，何况我已经告诉过他不能赖床。"她冲我笑笑，"遇到能体谅的人真是太好了，但我不希望他养成给别人添麻烦的习惯，习惯了迟到，今后可怎么办呢？"

我跟同行的朋友交换了一个眼神，感慨日本女人的小心翼翼和彬彬有礼，同时又觉得她有些小题大做。不过是一次偶然的迟到而已，跟那个孩子的遥远的未来，好像并没有什么太大的联系。

"他今后是要长大的，如果今后因为这个习惯而被人责怪，那就是我做妈妈的不对了。"那母亲像是看懂了我们的表情，微笑着说到。

这几年来，我身边有不少朋友都新晋做了妈妈，孩子们中调皮的不少，其中小 Y 家的熊孩子尤甚。

别人家的孩子不过吵闹着要多吃一个冰激凌或是多玩儿一个小时 ipad，唯有她三岁的儿子每每从进门到离开都不安宁，出其不意地从后面揪别人的头发，冲着人家的耳朵大喊，用手去摸盘子里的菜，种种把戏层出不穷。小 Y 常常跟在他身后不停地赔礼道歉，却舍不得斥责儿子一句。

她怀这个孩子的时候经历了许多波折，而正是因为来得尤为不易，更是对他有求必应，从没说过一句重话或是动过一根手指头，那孩子像是洞察了父母的溺爱，渐渐地更加有恃无恐，变本加厉地淘气。

作为朋友，我们劝过她不少次，可小 Y 却总是说：

“小孩子总是淘气的，等他长大了，自然也就懂了。我们能陪他的时间也不多，趁还可以的时候，就让他自由地去做自己想做的事吧。”

他们甚至早已为这个孩子准备了两套房子，说：“这一生不求他有什么大出息，平平安安地长大就好。”

她固然有耐心等他长大，我们却没有。聚会的时候大家开始有意无意地不叫她，直到她的宝贝儿子终于上了幼儿园，她在微信上找我，说：“觉得自己这个母亲做得好失败，给他的宠爱却成了他人生的绊脚石。”

那孩子在幼儿园一如在家，十分刁蛮任性，一言不合就倒地大哭撒泼打滚，以揪女同学的辫子为己任，所以同班的孩子都不理他。她去接他放学的时候，远远地看到别的小朋友都嘻嘻哈哈地围成一圈玩儿着游戏，唯有她的心肝宝贝一个人孤零零地坐在角落。

回家的路上，他嚎啕大哭，她安慰他说：“你不喜欢幼儿园，咱们明天就不去了好不好？”

那孩子摇摇头，抽噎半晌说了一句：“我想跟小朋友在一起，可是他们都不跟我玩儿。”

她是个在职场上雷厉风行而又智计百出的女精英，可面对儿子的眼泪，却感到从未有过的挫败与失落。

她的羽翼已经无法覆盖他的整个世界了，现在如此，今后会更甚，这个孩子一身的骄纵和自私，让他跟除了父母之外的整个世界格格不入。

她以为宠爱就是恩赐，以为她的容忍撑得起他的天空，可孩子是一艘船啊，他总有一天要离开她的港口，驶向更遥远也更广阔的大海。他需要成为一个舵手，懂得航行中的语言，结交自己的同伴，给予帮助也获得帮助，而宠爱本身，远远不够。

在初中升高中的时候，我曾为自己的人生做过很大的一次主。以当时中考的成绩，我可以去另一所更好的高中上学，可是有一个好朋友决定留在现在的学校，出于莫名其妙的“义气”，我决定留下陪她，不出意外地遭到了全家的反对。

我妈跟我长谈了一次，列出了放弃更好的高中的种种弊端，问我：“知道了这些，你还愿意留在这儿吗？如果你愿意，我可以帮你说服他们。”

我回答得斩钉截铁，拍着胸脯声称自己一定不会后悔，而她果然帮我说服了全家，姥姥每每提起这件事都会叹气，说：“孩子不懂事，你怎么也任她胡闹。”我妈总是笑而不语。

高一下半学期的时候，因为一件小事，我跟那位好朋友产生了矛盾，关系大不如前。我妈之前提醒过我的弊端也在逐渐显现，大到老师的教学质量和讲课时的方言，小到学校里没有我最喜欢的图书馆，我后悔得不得了，天天在家嚷着要转学。

“没办法转。”我妈说，“你的学籍档案都已经定下来了，另一所高中的招生名额也已经满了，没办法把你塞进去。”

我那时怨过她吗？或许吧，在每一个不太如意的时刻，那些怨气都会像发芽的春苗一样无法遮掩。

为什么我不是“别人家的孩子”？人家的父母绞尽脑汁也会帮他们转学，而不是轻飘飘地说一句“我们也没办法”，然后把所有的难题都踢回给我自己。

直到我大三的寒假，一个阿姨来我家做客，她的孩子比我小三岁，也正在择校的关头。她们在客厅聊天，我在书房心不在焉地玩儿手机，忽然听到我妈压低声音提到我的名字，便本能地支起耳朵偷听。

“当初也不是不能托关系给她转学，我只是不想让她觉得自己捅出的所有篓子都有大人收拾。我都想好了，要是她成绩真的下降得太厉害，就给她请家教，哪怕掏再多的钱，也不能让她养成随便决定又随便后悔的习惯。

“趁她还在身边，帮她养成一点好习惯，我们也不可能护着她一辈子啊，将来她长大了，总是要离开家的，她总得学会为自己的人生负责。”

在我二十多年的生命里，做出过很多好的选择，当然也有很坏的，而无论如何，我都会想着如何靠自己走出那个泥潭，而不是一味地埋怨他人，希冀着从天而降的援助。

这样的习惯并没有让我有多出类拔萃，却可以让我变成一个对自己人生负责的人。那一粒不起眼的种子，在很小的时候就被她种下，并将贯穿我的整个生命。

在《会做饭的孩子走到哪里都能活下去》一书中，以妈妈的口吻说过这样的一段话：

比孩子先来到这个世界的我们，注定无法陪孩子走完一生的路。那是我们最不愿意面对，却最无力逃避的事实，而我能给孩子的最珍贵的礼物，不是一架钢琴、一盒乐高、各种各样的培训课，而是帮她养成一个人也能好好活下去的能力。

《触龙说赵太后》中说：父母之爱子，当为之计深远。

一个孩子的习惯、能力和教养，才是能陪他走完这一生的东西，而那每一个细节中，都藏着家教的影子。

那才是父母给孩子最久的陪伴和最好的礼物。

Part 5
想要长相守，炒菜多放肉

女孩子的爱是很奇怪的。天灾人祸逼不走她，再苦再难也打不倒她，不管是雷霆万钧还是一贫如洗，她都不会走，可打败这样的坚韧的，往往是一件件看似很不起眼的小事，她决心要走的时候，必然是她再也感觉不到你爱她的那个时刻。

想要长相守，炒菜多放肉

认识一对情侣。

男孩儿大东是我同系的学弟，他在一次演讲比赛中认识了女生芸芸，两人不约而同地动了心，很快便确立了情侣关系。

我们毕业那年，很流行一个叫作三国杀的桌游，大东和芸芸都是游戏的资深玩家。我那时大四，已经开始朝九晚五的实习，几乎每天都会被叫去凑人数，在屡次被杀得片甲不留之时，还得忍受两人的各种眉目传情，着实受了不少刺激。

大东和芸芸的家都在外地，家境一般，两人在相识之前就各自在校外做着兼职，谈上了恋爱之后也依然照旧，每天早上在食堂碰头，一起吃早饭说会儿话，各自去上课，然后奔赴兼职的战场，下午回来还要补功课。唯有晚上的那一会儿游戏时间可以共度，大家都心疼他们不容易，因而对两人明目张胆的秀恩爱报以极其宽容的态度。

他们晚我一年毕业，芸芸留在本地当了老师，大东却应聘到一家深圳的企业工作。芸芸在一家公立小学教书，工资不高，大东虽然收入不错，却总是很忙没有时间。

他们商议的见面方式是由大东出钱，芸芸出时间，两人在深圳相聚。每到逢年过节小长假，就会看到芸芸在朋友圈晒出一张机票配上个笑脸：

第五十三天，我们终于又可以见面啦。

渐渐地，我们都越来越忙，也不再像从前那么关注芸芸的朋友圈。我们都以为两人的青葱爱恋转向了温和绵长的马拉松之时，却听到他们分手的消息。

话是大东说的，在过年的同学聚会上，快一米八的小伙子瞬间红了眼眶，说："我已经快攒够十五万了，马上就够交买房子的首付了，可是有什么用呢？有了房子，却没有她。"

他们分手已有半年，大东依然单身，芸芸却很快有了新的男友。他将手边的酒一饮而尽，闷闷地叹了口气："我现在终于懂了，贫贱夫妻百事哀。"

我身边的姑娘低声说："听说芸芸好像找了个富二代，都准备结婚了。"

我一愣，心里好像塌掉一块，不知这句话该如何接。

再见到芸芸，是在一次登山活动中，她跟新的男友在一起，看到我便很开心地跑过来打招呼。我虽然明白恋爱不过好聚好散的理儿，可一想到大东红着眼睛的哽咽，又看见她无名指上的那个戒指，就怎么也对她热络不起来。

她见我态度冷淡，寒暄了几句便走开了。等到大家爬到一半，三三两两地散落着休息的时候，她独自来找我，说："多年不见，我们聊聊天吧。"

话音未落，就自顾自地说了起来。

一开始，两人的异地长跑虽然辛苦，可见面的时候总是很甜蜜。渐渐地，大东的工作越来越忙，连节假日也有很多加班应酬，即便她在，也总是早出晚归，她跟他吵闹了好几次，希望他能珍惜两人本就不多的相聚时光，都被他用一句话驳回："我要是不跟这些人搞好关系，能拿得到单子往上爬吗？我也是为了咱们今后的生活可以更好，只能委屈你忍忍。"

再后来，也许是被她抱怨得烦了，大东索性跟她说："反正现在微信那么方便，要不然你以后也别来回跑了，一年省下的机票钱都够半个卫生间的钱了。"

她想想也对，于是将恋爱的战场转向了微信，可即便如此，他依旧忙，早上发给他的消息常常半夜才回，回复也只有简单的一两句："今天累死了，陪客户喝了一晚上的酒，有事改天再说吧。"

这一改天，又不知是何年何月。

他逐渐记不住她的生日和两人的恋爱纪念日，无论是情人节还是圣诞节，她从未收到过一件礼物。若是她撒娇去要，他便说："真的对不住，真的没时间。"然后给她发个红包，说，"你喜欢什么就自己去买。"

她从未点开过他的红包，而他似乎也从没注意过。

"可我是个女孩子，就想要一点能看得到的心意。时间也好，礼物也罢，哪怕只是感冒的时候一句嘘寒问暖，都会感到很满足。我知道他不会变心，是一心一意地在为我们的未来打拼，可是我不想要什么看不到的未来，只想要跟他好好地说句话。

"到了最后，我都不懂他爱的到底是我，还是一个虚无缥缈的未来。

"我订婚了，不是什么有钱人，我这个戒指只有几百块，但这是他陪着我逛了两个周末，挑选的最合适的一个。"

我真的很怀念那时候在学校一起玩儿三国杀的日子，最穷，最累，最看不到希望，却能天天在一起的日子。

我记得《超级演说家》里，王濛有一篇演讲叫作《肉味的爱情》，她讲了这样一个故事。

她有个打篮球的男朋友，她对他一见钟情，对对方百般体贴千般照顾，甚至义无反顾地跟他回到他的老家新疆，一起负担他家里欠着的几十万的外债。可最后分手的原因，却是他炒菜的时候，从来都不肯放一点她最爱吃的肉。

王濛在演讲中说，女人的心思往往都不是什么大事，都是一些细节堆积起来的。在零下十八度的冬天里，她提着两大袋子东西，等了一个多小时的公交车，他都不让她花二十块钱叫一辆出租车。他刚刚给自己买了一块价值上千的新表，可是炒菜的时候，却依然舍不得给她放肉。

“我不想说什么祝福你的话，如果非得在这个舞台上说一句的话，我想告诉你，想和媳妇长相守，下次炒菜记得多放肉。”她说。

女人对男人失望的那个时刻，并不是因为男人不爱她了，而是在她脆弱的时候没有拉她一把，在她有所期待的时候让她失望。

我曾经被一些男性朋友问过这样的话：

“不就是一点小事，至于生那么大气吗？”

“我又不是不爱她，我为未来奋斗也是希望可以给她更好的生活，她怎么就不明白呢？”

“给了钱想要陪伴，给了时间又想要物质，真不懂你们女孩子到底想要什么。”

不懂的是他们吧，我暗笑。

女孩子的爱是很奇怪的。

天灾人祸逼不走她，再苦再难也打不倒她，不管是雷霆万钧还是一贫如洗，她都不会走，可打败这样的坚韧的，往往是一件件看似很不起眼的小事，她决心要走的时候，必然是她再也感觉不到你爱她的那个时刻。

要礼物也好，要陪伴也罢，要包包要口红要跟你聊聊天，要炒菜的时候多一点肉，她不是买不起，也不是没它们不行，不过是想借此确认你对她的心意。

而打败爱情的，从来都不是电视剧里那种 drama 的桥段，而是一个又一个的生活细节。

谁的心都不是一瞬间冷掉的，只不过你从没留意过，它在深夜里暗自支离破碎的声音。

一份好的爱情，并不仅仅在于买买买，而是将彼此的需求和习惯放在心上，是无论多忙都对你有空，是在“我想要”和“你想要”的博弈之中微妙的平衡与取舍，是为对方多放几块肉或者少加一点辣的体贴和细心。

动心在火石电光，相守是一粥一饭。

但愿你懂。

是不是我再瘦二十斤你才会喜欢我？

周末晚上打电话约女友 F 去吃宵夜，她在电话那头有气无力地说："我都已经一周没吃碳水化合物了，每天靠白开水、煮青菜和鸡蛋清维生，现在刚跑完八公里，一步也走不动。"

我和另外几个女孩子嘻嘻哈哈地在电话这头逗她："你不来，那我们就去吃小龙虾，爆辣，城西老字号那家。"

我几乎都能听到 F 贪婪地咽下口水的声音，然而隔了三秒，她还是说："算了，我不去了，我都坚持一周了，不能前功尽弃，我先去关一下朋友圈，谁给我发照片我就跟谁绝交……"

她从前是逢吃必到的，一切的改变都起因于她的男神的出现。

F 工作的地方在城中心的 CBD，是白领金领扎堆出没的地方，她每日跟他们一起乘着电梯上上下下，自称阅美无数，却在一个不经意间，沉迷在他的笑意中不可自拔。

那句话怎么说来着？始于颜值，陷于才华。而我从没听过 F 这样夸过一个人。

我们的交流逐渐从“这个饼干也好好吃……”到“我准备今天约他看电影”，她的那一位以天外来客的姿态降落在我们的话题中，每一天每一晚，占据着我们聊天的重心。

认识的第三个月，F 表白成功，终于牵起了男神的手，在朋友圈里幸福地发了合照，她的那一位也发了同一张，偏巧他有一位脑子不大灵光的哥们儿在下面回复了一句：“你这回终于不看腿了。”

F 看到之后就起了疑，又在一次聚会上旁敲侧击地从他哥们儿那里打听消息。原来男神的前两任女友都是腿长腰细脸比巴掌小的瘦款美女，而就在几年前，他还亲口跟朋友们说过，挑女朋友的首要标准就是看颜值和美腿。

她自认不是什么能让人一眼惊艳的大美女，年龄过了二十五，身高已成定局，唯一可以下功夫的只有体重。掏了几千块办了健身卡请了私教，风雨无阻地打卡上课锻炼，严格控制饮食不吃甜也不吃辣，代餐的奶昔和果汁不知道喝了多少，就连电脑的桌面都换成了要么瘦要么死。

那段时间她确实瘦了一些，有次看电影的时候遇到她挽着男神，虽还远远够不上纤腰一握，但也至少比之前缩水了一个号，身上穿着一件很诡异的露肩装。那天跟我一起去看电影的学妹是个又瘦又高的小美女，F 笑着跟我打招呼，看向她的眼神，却莫名多了几分警戒。

男神彬彬有礼地跟我们握手寒暄，我那位小学妹正好跟男神是老乡，于是便多聊了两句，F 盯着他们的背影，眼神灼灼的像是能烧出一个洞。她压低嗓音撇嘴："你看他，一见漂亮姑娘就走不动路。"

我连忙安抚她几句岔开话题，电影散场后发了条微信就拉着小姑娘匆匆离开，甚至没跟他们当面说句再见。

以美为战场，敌人就不仅只有这一个对象，F 的朋友圈渐渐变得戾气横生。

一会儿指桑骂槐地说 ××× 是网红脸，一会儿无中生有地说 ××× 挑拨离间，那个捧着一块马卡龙幸福得眯起眼睛的姑娘再也找不回来了，她的心跟她的下巴一样，开始逐渐变尖。

就在她不断瘦下来的过程中，男神终于还是跟她分了手，两人在咖啡馆里大吵一架，以 F 高八度的哭腔结尾："你不就是嫌我胖，嫌我不好看吗？我就知道你当初跟我在一起是凑合，现在你烦了就想一走了之。"

男神连辩解都懒得辩解，匆匆起身结了账，走得头也不回，当晚就拉黑了 F 的微信。她半夜哭着给我打电话，说：

"难道我真的有这么难看，让他逃离我，像是逃离一场瘟疫？

"是不是我再瘦二十斤他就会喜欢我了？可是我就是瘦不下来呀，

早知道我就应该去做那个切胃手术……”

她在那头哭哭啼啼半晌，以一句很鸡汤的话结尾：

“一个女人对自己狠不下心的时候，全世界都会对她狠心。”

有太多的故事都这样告诉我们：

控制不住体重的人是不可能控制人生的。

你虽然性格好，但你胖啊。

胖子是没有资格谈颜值的，越厉害的女人越精致。

……

可是他不爱你，真的只是因为你胖或是你不够美吗？

还是因为你敏感而自卑，邋遢而惫懒，多疑又善妒？

成年人的思维方式，并不是教科书上单线程的“因为A所以B”的证明题，人心往往是个叠加态，美貌和马甲线固然重要，但“与你相处是否快乐”才是决定要不要继续交往的理由。

我知道胖女孩儿的爱情会更艰难一点，但这艰难并不在于俘虏对方，而在于顶着这个社会主流的审美观，坚信自己足够好，不以此为特立独行，但也不因此而妄自菲薄。

正如盐野七生在《罗马人的故事》中写的那句话：

只有对自己有信心的人，才能对他人保持公平。

不因为自己的有而嘲笑他人的无；

不因为别人的惊艳绝伦而菲薄自己的中人之姿；

不因为自己不能变成 A4 腰，就把自己胡乱地塞进一堆看上去像是中年大妈的 T 恤里；

不因为自己缺少一双大长腿，就索性说细腰长腿尖下巴的都是妖精。

他或许真的不嫌弃你胖，可也无法忍受你既胖且作啊。

胖且虚荣，丑却露拙，是这样的叠加，才吓走了你的爱情。

作为一个资深的吃货，我身边大多数的女友都处于微胖界，有像 F 一般败走战场的，但也有很多人收获了甜蜜的爱情和幸福的家庭。她们没有两位数的体重，没有大长腿尖下巴和小细腰，但这毫不影响她们的从容自信和幽默风趣。

正是因为旁观过这些一路走来的爱情，我才敢笃定地回复那些心怀惴惴地问我"我长得不好看 / 我身材不够好，是不是就不可能拥有爱情"的女孩子一个斩钉截铁的"不是"。

我们往往误以为容貌身材是一个女人的附加分，但那道附加题的题面，其实叫作体面。

你可以不够仙，但也麻烦你不要自暴自弃地穿着打底裤和宽大的睡衣出现在五星级酒店。

你可以不够美，但不要自恃"腹有诗书气自华"就顶着一张大油皮又爆痘的素颜就跑去参加重要聚会。

你可以不够瘦，但也请让自己保持最基本的清爽和干净，衣服上不要有前一天吃饭落下的油渣子，不要涂那种让你看上去像是一堵行走的掉粉白墙的厚粉底，腋下不要有难闻又难看的汗迹。

你可以不够好，但是千万别让自己低到尘埃中，却还要求另一个人毫无理由地全盘接受你。

体面地自处，体面地交际，体面地去爱。

那是无论胖瘦美丑都该去修行的功课。

人生只有一副牌，别气急败坏，别怨天尤人，能够活出别人夺不走的从容和尊严，才是美丽。

“大不了我就找个男人嫁了”

我家楼下有家咖啡厅，咖啡并不好喝，但贵在安静。我常常抱着电脑去那里加班或者写稿子，一来二去便成了咖啡厅的常客，店里的姑娘小秦跟我年龄相当，熟悉之后，常常跑来跟我聊天。

她高中没毕业就退了学，理由是不喜欢。做了两年销售，一次陪酒后险些被客户拉到酒店，索性便辞了职。在超市做过收银员，在饭店端过盘子，在宾馆收拾过床铺，后来便来了这家咖啡店打工，虽然一个月到手的只有两千多，但朝九晚五从不加班，店里客人不多，大多数时候她都在玩手机。

“你每天的空闲时间那么多，都怎么安排呢？”有次我问她。

“多吗？”她有些诧异地冲我笑笑，说，“我可忙了，最近迷上了王者荣耀，连新播的韩剧都没时间追就到了睡美容觉的点儿了，也觉得时间不够用呢。”

“趁年轻还是抓紧时间学点儿技能吧，技能才是立身之本。”我说。

“我才不用技能。”她笑得花枝乱颤，“只有你们这些事业女性才谈技能，像我这样的人，前半辈子吃运气后半辈子吃男人，店关了我就重找一家，大不了就找个男人嫁了，干什么把自己搞得那么累呀。”

她的性格活泼可爱，样貌身材均属中上，虽然学历不高，聊起天来也常常妙语连珠。没出半年，就听说了她订婚的消息，她带着闪亮戒指的手指在我的眼前晃了又晃，像个老大姐一样的拍拍我的肩，说：“你也是，别老想着什么学学学，找个比自己条件好的男朋友才是正经，干得再好有什么用？还是挑对老公更重要。”

我虽然不认同她这句话，却着实为她有了爱情而十分欣喜，出差好几个月，回来给她带了一套小情侣的纪念品。

她道谢，神色却有些闷闷不乐，欲言又止了半晌，才说自己在他的手机里看到了他跟其他女人的暧昧微信，追问的时候他不仅不哄不道歉，还斥责她乱动他的东西。他在争执中推了她，她狠狠地撞在了墙上，肩膀青了好大一块。

而这还仅仅只是冰山一角，他是个重度直男癌患者，大大小小的家务从不沾一根手指，却挑剔得要命。从饭菜的口味到衣橱上的灰尘，都会成为他唠叨的原因，她只是偶尔辩驳几句，就会换来他的呵

斥 :“这套房子是我买的，你一分钱没出住在这儿，还有什么不满意?女人做家务本来就是天经地义，说你几句怎么了？”

“他以前不是这个样子的，从前对我可好了。”她说了几句，泪盈于睫。

我劝她 :“趁着还没领证办婚礼，趁早断掉得好，一个男人刚开始的时候就这样轻贱你，你还希望他在今后的鸡毛蒜皮中跟你相濡以沫相敬如宾？”

“我不分。”她看着我，坚定地摇了摇头，“我妈我姐我闺蜜都说了，男人就是这样的，换一个也没有什么区别，他好歹还愿意养我。”

“这世界上有很好的男孩子的，他们收入不差，有教养有礼貌且尊重女性，你还没有遇到他们，又何苦早早地把一生托付出去。”

她在泪眼中噗哧一笑，好像听到了世界上最好笑的笑话，然后对我说 :

“你才真是言情小说看多了吧，这世界上哪有那样的男人？我活了二十多年，从来没见过。

“天下的乌鸦一般黑，男人都是一个德行。”

这就是在我反感的很多条女性洗脑口号中，最讨厌“干得好不如嫁得好”这句话的原因，有太多像小秦一样的姑娘，把“嫁得好”当作自己人生的依靠与救赎，但其实不然。

你连干都干不好，又怎么走到更高的层次，拥有更广阔的眼界，有机会跟更好的男人交往呢？你身边的都是跟自己差不多水平的人，又何来“嫁得好”一说？

章泽天跟刘强东的缘分产生于哥伦比亚大学的校园，邓文迪与默多克的缘分产生于美国航空的商务舱，“奶茶妹妹”与比尔盖茨的对谈可以全程不用翻译，邓文迪好歹也是先获得了与老板对话的资格，才能够担任默多克的随行译员。

而你要靠什么嫁得好呢？

是靠春运火车站的人山人海中脸贴着脸背靠着背的尴尬相逢？还是靠连“This is a good day today”都说得磕磕巴巴的英语？

我并不反感想要“嫁得好”这个念头所蕴含的那点儿功利，哪个女孩子不希望自己婚后的生活比一个人的时候更好呢？找一个有钱有才又有爱的男人，做他堂堂正正的妻子，生活是和鸡毛蒜皮的战争，想要为自己找个好一点的队友并没有什么不对。

可是讽刺的是，对于出身不那么显赫不那么富裕的女孩子来讲，嫁给好男人的唯一途径，就是好好地学习充实自己，争取每一个机会走向更高的地方，才能看见更好的人，同时被更好的人发现。

这世上不是没有有钱有才又有教养的好男人，只是他们从未跟你出现在同一时空。

当你坐在家里刷着韩剧哈喇子流得老长时，人家在读 MBA 在学英语；

当你被候车时拥挤的人潮弄得气急败坏时，人家在 VIP 室悠闲地喝着咖啡；

当你被患有重度直男癌的男友羞辱得体无完肤时，人家在帮孕期的老婆系鞋带洗内衣。

你走不进他们的世界，就感知不到他们的存在，你在现实生活中所能见到的人，都差不多狭隘，差不多猥琐，差不多直男癌，而你自欺欺人的“嫁得好”，也不过是在矮子里面拔将军。

别那么急着把自己的人生托付给一场将就的婚姻，走出去看看，到更远更高的地方，去看看那茫茫人海中的众生百态，别让自己的眼界和视角都停留在家门口的人沟里，然后还要悲哀地感慨，天下的男人都是一个样的。

尽力做好每一件事，时刻寻找更好的机会，把时间和精力放在提升自己的修养与魅力上，去发现更好的人，也被更好的人发现。

这才是“嫁得好”的终极途径。

“你到底要我怎样才肯喜欢我”

小优在晚上十一点给我打来电话，哽咽得上气不接下气。就在一个小时前，她刚刚被男神礼貌地提出分手，连微信也拉了黑，断得一干二净。

她一把鼻涕一把泪地跟我哭诉：“你说他到底嫌我什么啊？我买了一书柜的书，我推掉了多少个聚会活动，为了他我连欧洲史都恶补完了，他为什么就不能喜欢我一点点？”

爱情这个东西是很奇怪的，恋爱的双方都是因为先有了自己，爱情才能存在，一旦一个人开始费尽心思地去迎合讨好另一个人，反而会打翻它的天平。

小优和她的男神结识于一次公益活动。

那天是六一儿童节，他们一行人到附近的儿童村给孩子们送礼物。小优正好跟男神分到一组，她常去那里参加这种活动，人又开朗活泼，孩子们很快就跟她打成一片，欢声笑语地玩儿起了游戏。沉默寡言的男神搬完礼物就站在一旁看着，被小优一把拖过来："正好，我当母鸡，你来当老鹰，来抓我们吧。"

活动结束后，她主动要了他的微信，晚上偷偷把他的照片发给我看："我要找的人终于出现啦。"

"他真的很好，腿长颜好有风度，温柔细致书香气，正好也是单身。"她用了三个感叹号，"真的，特别好。"

不久之后就听说两人开始恋爱的消息，我们打趣小优，夸她效率又高目标又准。她在群里跟大家插科打诨的同时私聊我，问："你家里有没有讲哲学或者欧洲史之类的书？"

我大跌眼镜，这可是除了课本之外看不进任何东西的小优啊，连玛丽苏小说看到一半都会犯困，更别说这种枯燥无味的大部头。

她说："因为男神喜欢啊，他爸妈都是老师，平时也特别喜欢看书，我总得多读点儿，才能跟他有共同语言。跟他一起出去见朋友，也要出口成章，才能不给他丢人。"

"他敢嫌弃你？"我反问。

"才不是呢。"她用那种少女的娇羞口吻回答我，"是我自己心甘情愿的，为了男神我要变成更好的人。"

即便是每看十分钟就需要去用冷水洗把脸，即便是推掉她曾经最喜欢的聚会和登山，即便是把自己折腾得面容憔悴神情恍惚，即便是做着自己完全看不懂的笔记，她手中那本厚厚的欧洲史终于还是读完了。

可依然没能扭转这结局。

她在电话那头带着哭腔说：“他为什么要拉黑我呀？我就想问问他，我到底哪点儿不好，他到底要我怎么样才会喜欢我。”

你到底要我怎样才肯喜欢我？

我曾经不止一次地听到这样的问题。

是嫌我不够好看吗？是嫌我身材不够好？是嫌我太过内向或是太过张扬？

那我瘦下来，化了妆，强颜欢笑地陪你参加聚会，强忍无聊地陪你去图书馆看书，你会不会喜欢我呢？

为了爱情削足适履，美其名曰为爱奉献，可是又有哪个身穿白色婚纱的新娘，能拖着流血不止的脚走完那样长的一程？

我认识一对情侣，女孩儿心疼男朋友工作辛苦，每天通勤一两个小时回家连口热饭都吃不上，索性辞了工作，在家当起了全职女友，专心研究各种花样菜式，中餐西餐主食甜点，一年 365 天花式不重样。

男生工作不错，收入支撑两个人的开支绰绰有余，可两个人的摩擦却越来越多。女孩儿做好了饭他却忽然有应酬，他周末想随便吃点儿外卖她坚持让他吃健康午餐。慢慢地，他开始借口工作太忙，加班加得越来越频繁，她在家等着，将一盘盘菜热了又热，他都没有回来。

女孩儿跟我们诉苦：“我还不是为了他，认识他之前，我也是个十指不沾阳春水的小姑娘，他以为我真的是闲得发慌，才净爱往那油烟里钻当黄脸婆吗？我为爱情牺牲了这么多，他怎么就一点都不在乎。”

是啊，你牺牲了那么多。

可是他乐见这样的牺牲吗？他又能享受这牺牲背后的幸福吗？

当年你们二人一起啃便当盒饭，一边吃一边谈着工作上的事，你的脸上有爱眼中有光。而现在，你像饲养一只宠物般用慈爱的眼神打断他讲述职场上的种种烦心：“嘘，吃饭的时候干吗讲这些烦心事。来，多吃点儿，这条鱼我可是为你炖了一早上呢。”

身边伶俐可爱的解语花变成了絮絮叨叨的黄脸婆，你觉得自己亏了，可是不好意思，他也这么觉得。

他若能将你一键还原，恐怕早就迫不及待地做了，你还想让他对你感恩戴德？

恋爱的过程并不仅仅是在向对方靠近，而是在靠近的同时也确认自我。

确认你的喜恶，你的性格与爱好，你的闪光点与那些差强人意略显黯淡的缺点，你的底线与意愿。

爱情从来都不仅仅是它本身，更是关于身在其中的两个人。在漫长的舞会中，姿势难看地踩过脚，失魂落魄地流过泪，你慢慢学会了配合，而更重要的，是找到自己的节奏。

我们女孩子从小被灌输了太多次的“要顺从，要温柔，要牺牲，要妥协，自我没那么重要”，我们总是太过在意别人的眼光和看法，但爱情偏偏任性，你若找不到自己，便找不到它。

一段关系或许可以始于伪装或矫饰，可是任何感情到了最后，却只关乎于你是谁。

你不是AI，不是SIRI，你带着你过去那么多年的经历成为一颗独一无二的小星球。而你是谁，便是他爱你的原因。

与其将自己弄得面目全非却也了无生气，每天苦兮兮地散发着惨绿的幽光，动辄抱怨，动辄委屈，不时地搬出“我还不是为了你”将对方压得喘不过气，还不如好好地做自己。

因为人只有在做自己真心喜欢的东西时，眼里才会有光，只有在感到舒适自然时，才能像猫一般慵懒地收起利爪，变成柔软而又自在的一团。

很喜欢陈文茜的那句话：

爱情本来就只是在捕捉自我，可是我们大多数的人不肯承认这一点。

愿你终得所爱，也愿你不忘初心。

谈钱伤感情？呵呵，谈感情还伤心呢

有个小姑娘在我的公众号后台留言："前段时间我借给舍友两百块，当时她说自己急用，可是过了好几个月都没有还我，自己还整天买零食和化妆品，我暗示了几次自己手头不宽裕，她都没有还钱的意思，你说我该问她要吗？"

得到我肯定的回答之后，她又有点儿犹豫，说："我主动讨债的话，她会不会觉得我特别不够意思啊？"

我想了想，回答她："那就要看你在她心目中的分量是否值两百块钱了。如果她觉得值，大概会立刻还钱给你，同时补上解释和感谢；如果她觉得不值，可能会反问你，难道我们的感情就值这么一点钱而已吗。你猜一猜，她会怎么回答。"

小姑娘想了一会儿，说："我想赌赌看。"

她委婉地向对方提出了还钱的要求，她舍友说："看你平时买东西的时候挺大方，对朋友怎么这么斤斤计较，不就是两百块钱嘛，亏得我们还一起住了两年呢，真小气。"

她不好意思再讨，欲哭无泪，说："我的消费习惯跟借给她钱有什么关系？难怪人家说朋友之间不能谈钱呢，一谈钱就伤感情。"

我忍不住回答她："那些一谈钱就能伤着的感情，恐怕也不是真感情。"

为了两百块钱就能祭出友谊大旗来绑架你的，恐怕压根就没把你当朋友。

我有个要好的女友，买房子的时候曾向我借过钱，她认真地写好了欠条，甚至还要求自己的老公也在欠条上签字。过了两年，她升了职，月薪翻了好几倍，还给我的是按银行定期的连本带息。

我对她公事公办的态度有点儿不高兴，觉得这是她不把我当作朋友的表现，她又特意打来电话解释："我不想因为自己是你的朋友而占你便宜，在我心里，你比这几百块钱的利息值钱多了。"

我想我们一直都可以是这样的朋友，谈得了感情，也谈得了钱。

我的另一位朋友在一家创业公司里上班，每天做牛做马起早贪黑，每每到了该谈钱涨工资的时候，却被老板的动之以情杀得无功而返。

"咱们一起打拼了这么久，就跟亲兄弟似的，谈钱多伤感情，你看咱们公司的前景……"

他就在这样的情感勒索下，拿着微薄的底薪苦苦坚持了近两年，最终决定跳槽。聚会的时候说起这件事，叹了口气：

“我现在想明白了，什么谈钱伤感情，明明是谈感情才伤感情，真正重情谊的人，根本就不忍心用钱来绑架感情。”

无论怎样的人际关系，都有一个硬界限存在，这个坚硬的界限叫作彼此独立和互相尊重。在很多情况下，它的外化表象就是金钱，那些声称谈钱伤感情的人，不过是在用感情的软借口来冲破这一界限，一边在金钱上占你便宜，一边在感情上进行勒索。

他们对于金钱的种种敏感，其实都来源于对这份感情本身，从来都不够自信。

我有位嫁给了富二代的女同学，主动要求了婚前财产公证，买房、买车、装修，双方各自的花费甚至还写进了婚前协议里。我忍不住问她，两个人分得这么清，她心里真的没有一丝芥蒂吗。

“没有。”她说，“要是有感情，钱都是小事，要是没感情了，有钱又能怎样呢？”

“我自己有工作，不怕养活不了自己，选择跟这个人在一起，原本就不是图他的钱，那还不如打开天窗说亮话，彼此坦诚相待，今后的相处才不会别扭。

“没有纯粹的经济基础，哪儿来的幸福的婚后生活。

“我不怕谈钱，也不怕谈感情，我怕那种把感情和钱混为一谈的人，还好我们都不是。”

在目睹了不少因为经济纠缠而导致分崩离析的婚姻后，便愈发佩服她的理智和成熟。

或许最好的关系，不是不谈钱，也不是不言爱。而是我对你的感情，与金钱无关。

我可以用金钱表达对你的感情，但那并不会成为你要求爱的借口与方法。

我们大多数的困扰，或许与金钱本身无关，而是我们自己并不懂得金钱与感情之间的界限，也不懂得人与人的界限。

一味地只谈感情，会让原本就模糊的界限变得愈发不清楚，双方身处其中不断地冲突纠缠，痛苦愈发明显，而感情更加无法维系。

愿你跟自己的兄弟爱人朋友能坦然算账，也能谈情说爱。

能大碗喝酒，也能并肩战斗。

你爱情的模样，都写在你脸上

大一那年的暑假，我一个人去广州旅游，跟一位相熟的姐姐约饭。

印象中的她是个精致又耐看的美人儿，早在大学的时候，就是男孩子们众星捧月的对象。

就在前年，她结了婚，对象是个富二代，办了一场富丽堂皇不输当红明星的婚礼，买了一套上百平米的大房子。听说她辞了工作，安心地在家做起了全职主妇，她踩着七厘米的细高跟款款走来，像是刚走完红毯的明星。

我们一起喝咖啡，她如数家珍地跟我说着当地最有名的购物广场，哪款口红最好用，哪家店的 VIP 最难办理，哪家的卡布奇诺做得最好，哪家的西餐厅配乐最好听。

“这里的每一家我都来吃过很多次，他工作忙，很少回家吃饭，我一个人也懒得做，就来这里吃，吃完就去买买买。”她说。

那张保养得当的脸上依旧是满满的胶原蛋白，吹弹可破得像是十几岁的少女，可她说：“每天对着镜子看到自己，都觉得自己又变难看了一点，时光不饶人。”

她没有当年那么漂亮了，但那跟时光无关。

她的五官依旧精致，却少了灵动的神采，眉目依然清秀，却再不见那种从容。

那种因为欲求的不满足而从心底蔓延到脸上的无助和贪婪，让她那种幸福的笑容像是热汤上一层浅薄的、一吹即散的浮油，根植在心中的则是一个俄罗斯套娃，灵魂被包裹在一层又一层的昂贵和精致之后，脆弱且灰败。

我的另外一个女友在二十八岁时终于遇到了合适的相亲对象，在顺水推舟的年龄遇到可以凑合的人，那种两相将就而产生的暧昧和妥协，乍看上去还真有些接近爱情。

于是她在一次聚会上宣布：“我恋爱了，可能一年之后就结婚，恭喜我吧，我终于脱单了。”

看上去没有一点甜蜜的神情，更像是终于摆脱了某个标签的誓言，带着点儿生硬的赌气意味，跟全世界说：“你看，其实我也是个正常人。”

接下来便是按部就班地认识对方的朋友和家长，走进对方的生活，该走的程序一样也不能少。

对于相爱的人，这是彼此了解的过程，而对于不够相爱的人，却成了避之不及而又逃脱不了的烦心事。

我时常看到她在微博上的抱怨，有一次聚餐遇到她，竟开始有了认不出的感觉，嘴角向下，面部僵硬，神情冰冷，整个人戾气横生，等车的时候她问我：“你是不是也觉得我变了？”

“他们都说我变了，越来越不可爱了。”她说，“我真的是装不下去了，即使做出微笑的表情，都能感觉到肌肉的纹路向下延伸，嘴角和心头都沉甸甸的，藏也藏不住。”

“你知道吗，跟有些人谈恋爱，就像是把自己放进榨汁机，你眼睁睁地看着自己被榨干，一点点将所有的生机活力和幸福感都消耗殆尽。”

她申请了公司的外调项目，第二个月就出发去了南非，在她朋友圈里那张跟长颈鹿的合影中，我们又看到了那种久违的笑容，舒展、自信而又开朗。

有人说谈恋爱如人饮水，冷暖自知。但很多时候，当一段恋爱持续得足够长，旁观者其实很容易从恋爱中的两人的脸上看到这段爱情的模样。

你谈着的恋爱，真的会写在你的脸上。

我见过一对小情侣，为了吃五块还是八块的盒饭争吵，男生在众目睽睽之下批评女生“真不会过日子，你还真以为自己是名媛的命啊”，那女孩子两眼红了又红却依然忍着不说话，眼角的愤恨、不甘和委屈，堆成了好几条鱼尾纹。

我见过两位老人家互相开着玩笑，老爷爷逗老伴儿说：“二十年了，你还是这么好看，张老头他每次都盯着你，我都吃醋了。”老奶奶布满皱纹的脸笑成了一朵花，轻轻地拍了一下他的肩，那种带点儿甜蜜的羞涩的神态，甚至不输少女。

我见过一些提着大包小包的年轻姑娘，脸上妆容精致却神采全无，眉间堆满欲望，眼底却写满不安。她们的伴侣是手中的电话，一遍遍地反复确认：“那你今天回家吃饭吗？明天呢？”

也见过男生当众训斥女友：“你一个女孩子家，没事就在家看看电视做做家务不行吗，为什么总是要往外跑，跟你那些朋友来往？”那诺诺称是的女孩儿，中学生一样的胆小瑟缩，垂着眼帘，像是一株本应蓬勃却已停止了生长的植物。

恋爱真的是一件很奇妙的事，它能让胆怯的人勇敢，能打开瑟缩的灵魂，能让不那么漂亮的人焕发出无上的光华。但另一面，它也能让人变得丑陋暴戾又畏缩，除了五官之外的所有神情都变得模糊苍白，像是一棵种在了他乡的树，无论如何努力，都长不成想要的模样。

有姑娘留言问我："你心目中理想的爱情是什么样的？"

我想，大概是让你从里到外都会越变越美的那种吧。

一份好的爱情，也是最佳的保养品，它会让一个人慢慢变得从容、舒展、自由、灵动，那才是爱情真正的力量。

他只是缺女朋友，不缺你

小优终于等到了欧洋的微信，他说："这几天心情好差，请了假想出去玩儿几天，你有没有空一起去？好想跟你一路聊聊天。"

她兴奋地发出一声尖叫，两眼冒着桃花跑过来跟我说："你看，他真的是喜欢我的，心情不好就想到我，还邀请我跟他一起旅游。"

没给我说话的机会，她便狠狠地将自己的胳膊掐了又掐，幸福地叹了口气："我该不是在做梦吧？老天真的会给我一个这么好的男朋友？"

她像小鹿一般撒欢儿跑开，找了百般借口跟老板请假，欢欣地订好了票，收拾好小箱子，就差瞪着眼睛熬到天亮，然后脚底生风地跑去跟心上人会合。

他们两人有过一段偏长的暧昧时光，在进入暧昧这个阶段之前，小优就早已沦陷在欧洋的温柔陷阱里。他像是能猜中她的心情似的对她百般体贴，在她加班加到焦头烂额的时候给她推荐好听的歌，在她特别委屈丧气的时候陪她聊天，在她开心雀跃的时候分享她所有的小确幸，偶尔还会给她惊喜，在办公楼下等着她，带她去吃晚饭。

暧昧之后，确认之前，她的每一天都是在犹豫跟纠结之中度过的，就差买一束非洲菊上演他爱我他不爱我的爱情占卜。就在她因为他两天没联系自己而郁郁寡欢时，他就像是猜中了她的心思似的，发来了旅游的邀约。

五天的旅程过得飞快，回来后的小优满脸幸福地给大家派发旅游纪念品，却在夜里忽然问我："你说，女生主动表白会不会显得很low？我觉得我俩挺合适的，他对我也真的挺好，可这么不清不楚地拖着也不是事儿，我总得跟朋友和家人介绍他吧……"

"他这一路都没什么表示？"我问。

小优叹了口气："没有，他可能是太害羞了吧，所以我就想着，他不好意思说明的话，那就我来好了。"

一个主动发微信嘘寒问暖的人，一个敢开口约你说走就走的人，会连表白都不敢吗？我心底冒出了几个不祥的问号，想起那句耳熟能详的台词"He is just not that into you（他只是没那么喜欢你）"。

话虽如此，对于她想要表白的勇敢却还是不忍阻拦。她忐忑不安地出了门，又神清气爽地跑回来宣布脱单，看着两个人十指相扣四目相对的照片，倒也甜蜜满满。

直到好几个月之后，听说他们分手的消息。

小优的一双杏核眼肿得像两个桃子："我那天实在忍不住看了他

的手机，你知道吗？那条约我出去旅游的微信，他发给了四个人，一字未变。之前很多嘘寒问暖的微信也都是群发的。”

面对她的质问，他说：“我是认真的，真的是想找一个女朋友，明年结婚的啊。”

是啊，只是想要一个女朋友。陪他度过偶尔出现的孤寂的时光，照顾他的饮食起居，建立一段看似稳定的情侣关系。是你，是她，还是其他人，无非取决于响应时间的先后，其实并没有什么关系。

若有似无的撩人，最是伤人。

让你以为自己独一无二，让你以为自己备受关注，让你以为自己是个跟别人相比更加清晰笃定的存在。没承想到了看穿的那一刻，那个独一无二的自我被打入芸芸众生，新做的发型、新买的裙子还有新学的菜式，对他来讲都没什么区别。

你跟她们没什么区别，他对你跟对她们，也没有什么区别。

小时候看红楼梦，看到宝玉跟黛玉偷偷读《西厢记》的时候，宝玉一时痴迷，对黛玉说了那句“我就是那多愁多病的身，你就是那倾国倾城的貌”，黛玉大怒，哭闹着说宝玉欺负她，还声称要去告诉舅舅。

那时我十分不解，这明明是一句表白，而且是她期冀了很久的表白，该欣喜才对啊，为什么反倒生气？

后来看到闫红老师的书里写了这一段：

他说得那么随意，那么无所忌惮，可她的心中却充满了无望的悲伤，爱情会使人在心上人面前收敛羞涩，而他却是那样的轻松自如，那不是爱情，而是调情，是黛玉最厌恶也最不稀罕的那种。

我想起当年上学的时候，有个男生在楼下摆蜡烛阵追一个女孩儿。他是学生会主席，平时面对几百人滔滔不绝看不出一点青涩。等到这个女孩儿下来的时候，他却站在原地呆呆地看着她笑，拘谨地搓着手。周围有善意的起哄，他看着她，眼中有千言万语，却紧张到一句话都说不出来。

爱情的开始，往往难逃这样的情怯，因为将一份爱看得太重要，不容许分毫差池，所以才自缚手脚，脱去所有洒脱浪荡满不在乎的外表，在你面前，回归成一个青涩害羞的自己。

所谓勇气，所谓举重若轻，都是爱情确认之后的结果，而不是尚未开始就已经达到的状态。

我的朋友阿紫发过这样一条微博：

"除了你，其他人都不行"和"其他人都不行，所以想起你"，前者是痴情，后者是渣。

那些以淡定优雅又过于老练的姿态出现在你的世界的人，要么是不够爱，要么便是资深演员。

愿你不要遇到这样的人，愿你能认清这样的人。

愿他爱你，如同你爱他一般，独一无二，亦不可或缺。

想念你，是我一个人的天灾

这已经是小今自九点之后第十一次查看手机了。

解锁，刷新微信，失望地锁屏。人明明还在言笑晏晏，一颗心却早已飞到了爪哇国。

“他说九点下了班就来接我的，人不来，手机也不接，不会出了什么事吧……”她像个十几岁初入爱河的小姑娘一般长长地叹了一口气，眼中有掩饰不住的惊惶和脆弱，完全不复平时洒脱理智的模样。

有人用网上的段子打趣她：“他没忘，只不过是手机丢了，被外星人抓走了，或者被车……”

小今用一记无比凌厉的白眼堵住了后半句更糟糕的猜测，惴惴地转过身：“他们那座大楼下面的灯前两天坏了，不知道修好了没有……

那个地方本来视野就不好，到了晚上过往的车又总是超速，天桥的台阶也不平……”

明明什么事都没发生，却好像天塌了下来，不砸高的不压矮的，偏偏只对准了她的心上人。

那个永远理智冷静的小今，那个从毕业就操着手术刀面对生死的小今，在掉进爱河之后变得尤其少女心，像是要把这二十几年没操的心都统统补回来似的。

男主人公在迟到了一个小时之后姗姗而来，不好意思地跟她道歉：“快要走的时候想起一行代码可能有问题，一开机就把接你的事儿忘得一干二净了，真是对不起。”

“好歹也接下电话啊，我还以为你出事了呢。”他进门的那一刻，她整个人都放松下来，肩膀垮下，脊背失力，像是一只蓦然卸去了警惕的猫。

“我离你还不到两站地的距离，能出什么事？你就是爱胡思乱想。”他失笑于她的小题大做。

她摇摇头，等人的不是你，你又怎么能懂呢？

爱情本身就像是一场天灾，一次突如其来的车祸，一场无法预知的绑架，一股从天而降的泥石流，一路追击，紧张感不断被放大，使人变小变惊惶变无助，心像是被什么东西攥住，越攥越紧，而你的出现和回应，是唯一救赎。

比起“你为什么把我抛在脑后”的委屈和恼怒，确定你平安无恙，比一切都重要。

我谈第一场恋爱的时候还是个不大懂事的小姑娘，有次约好出去旅游，由于他考试结束得比我晚，所以我订了提前一天的票。他送我的时候百般叮咛："到了给我打电话。"我虽然诺诺答应，心底却十分不以为然，对自己有一天独自的行程计划十分满意，到酒店放了行李，便风风火火地自己上街去玩。

那时手机还不够智能，老旧的诺基亚被我当作累赘一般丢在书包里。我约了老同学，一起吃饭，喝咖啡聊天到十一点，才依依不舍地回到酒店。掏出手机，入眼便是几十个未接电话和短信，我回拨过去，那头是长舒了一口气的声音："你没事吧？"

"没事啊，我跟晓月吃完饭刚回来。"

"我还以为你出了什么事，怎么不给我打电话呢？"他在那头生气地说，"你吓死我了，我差点儿就去改签机票了你知不知道。"

明明听上去像是担心，可他说话的语气太过恶劣严肃，我也不甘示弱地争辩回去："你是我妈还是我爸？我这么大的人了还要你管，你是不是没考好拿我出气啊？"

他在电话那头气得要死，最终还是又低下声来："你下次不许这样了，这次就先原谅你，没事就好。"

那语气又变得轻松而惊喜，一场怒气来得突然走得迅速，十分莫名其妙。

我没心没肺地在电话这头嘲笑他婆婆妈妈，挂了电话之后，开始一条一条地看未读短信。

从一开始例行公事一般地问：

“你到了吗？”

“你现在在哪里？”

“怎么不接电话？”

慢慢地有了火气：

“你接下电话行不行？”

“你手机是用来防身的吗？”

以及暴怒透过字面，简单粗暴带着许多的感叹号：

“说话！！！”

再后来又温柔下来，语气中带着不知是对谁的哀求：

“你要是不想说话，就回一条短信给我行不行？”

“我真希望你只是丢了手机。”

“真后悔让你提前一天出发，你现在到底好不好？你在哪儿？”

距离我们上一次通话，还不到八个小时。

他想必已经脑补了各种我因为粗心大意而被人迷昏卖掉、绑架谋杀的情景。

那平淡转向焦急，愤怒转向哀求，到最后所求的只不过是一句“我很好”。

忽然觉得好感动。

我们后来没有在一起，而从那以后，我却有了按时报备“我到了”的习惯。

出差给父母汇报，告别让好友宽心，那一句“我到了，放心吧”，不过短短六个字，对于想念你的人来讲却不啻玉诏纶音。

那些小题大做，那些婆婆妈妈，那些愤怒和指责，来得猝不及防而又莫名其妙。

无他，唯想念尔。

所有的恐惧，都是因为太过珍惜，即使是万分之一的可能性都会被无限放大，成一场越想越怕的天灾。

前路漫长，慢慢寻来便好。

只愿你，平安喜乐。

我不缺朋友，只缺你

某个周末陪着六岁的小侄女去游乐场玩儿，我坐在一边的长椅上看着她，她早已跟一堆同龄的小朋友追逐打闹着在城堡里玩儿得不亦乐乎。

累了之后，他们玩儿起了过家家的游戏，她选中的角色是公主，四个小男生围着她叫："穆尔，穆尔，你选我当王子嘛，选我嘛。"

小姑娘犹豫了一会儿，转过头去，径直起身走到一个猴儿似的，正吊在高低杠上的小男生面前，仰起脸问："小哥哥，你可不可以来跟我们一起玩儿过家家？"

那小男孩看上去也只有六七岁的样子，犹豫了几秒点点头答应，我家小姑娘立刻主动拉起人家的手，笑嘻嘻直勾勾地看向他的眼睛：

“我好喜欢你呀，你也喜欢我好不好？”

她清澈的眼像是两丸黑水晶，一眨不眨地看向他，小男生甚至明显地脸红了一下，然后绽开一个更灿烂的笑容：“好，我也喜欢你。”

他们牵着手，蹦蹦跳跳甜蜜地去玩儿游戏，留我一个人在原地被我家小侄女惊世骇俗的表白惊得呆立当场。

我将小姑娘赤裸裸的表白讲给一位女友听，她正处在暗恋男神第二年的当口，每天为“万一被别人捷足先登了怎么办”和“如果我表白被拒绝了可就连朋友都没得做了”的纠结中。

我从来没有在现实生活中看到过如同她一般这么隐忍又别扭的暗恋。

明明没有一点运动细胞又瘦得令人发指，为了能在健身房跟男神共处一个小时，天天在椭圆机上把自己虐得半死。

“我一定要用第二排正数第三个的那个椭圆机。”她曾经这么告诉我，“那个位置正对着窗，玻璃的反光正好能让我看到背后的他的模样，而且不被他发现。”

看到男神感冒，立刻去买好了药片却不敢直接送给他，假装加班留到最后，直到办公室空无一人才像做贼一般偷偷地将药放到他的桌上，第二天当他惊喜地问“是哪位这么贴心”的时候，她借故起身去茶水间偷笑，也从没有大方坦诚地说一句“是我”。

男神的每一条微博她几乎都能倒背如流，却从不敢留下一个字的评论，连关注都是“悄悄关注”。

她掩饰得那么好，努力在他的面前假装出“普通同事”的寒暄和距离，不在任何一个聚会主动打探他的八卦。

“你知道吗，人的耳朵真的会竖起来的，就是每一根毛细血管都逆流的感觉。”她曾经这样对我说，“每当他们提起他的名字，不管离多远我都能听见，而且特别清楚。”

她并不是从来都没机会接近男神的。

他们做项目的时候一起出差，她提着巨大尺寸的行李箱艰难地挪动，他从背后赶来要帮她提，她却拒绝得坚决：“我可以的，马上就到电梯口了。”

有次去登山的时候她扭了脚，他背着她下山，她一路趴在他背上激动得心都快要跳出来，却强忍着欢喜，用略带疏离的口吻向他致谢：“今天真不好意思，麻烦你了，改天请你吃饭报答。”

公司团建去 K 歌的时候男神心情不好，他们在阳台上聊了一个多小时的天，末了他说：“谢谢你听我倒苦水这么久。”而她的脑子瞬间短路，冒出一句：“没关系，大家都是同事，应该的。”

我不知道她有多少次想要掐死她自己，但就连作为旁观群众的我们看着，也为他们拖沓如同几百集韩剧一般的进展感到着急。

“你就不能主动表个白，有那么难吗？”

“真的有……”她说，“我就是觉得，他要是也有点儿喜欢我的话，为什么不主动呢？如果他拒绝了我的话，大家还在同一个办公室，每天低头不见抬头见的，多尴尬。”

她绞着衣角又补充一句：“况且，不是说女生要矜持吗？我一定要端着，等他主动来向我表白的那一天。”

“你端着，等哪天把他端到别人那里去了可别后悔。”

她摇摇头一笑，眼里却立刻浮现了一层透明的水光：“可是他真的喜欢我的话，是不会跟别人在一起的。如果他跟别人在一起了，那说明他根本就不喜欢我，我有什么可后悔的？”

“以你拒人于千里之外的表现，你确认他知道你的心意吗？”我又问。

“应该……大概……也许是知道的吧。”她苦恼地揪断几根头发哀叹一声，“算了，不管他知不知道，看缘分吧，如果命中有缘，会有机会在一起的。”

我最喜欢金庸小说里的赵敏，隔着国仇家恨，隔着青梅竹马的周芷若，隔着娇柔软语的小昭和鬼灵精怪的蛛儿，她不是最早到的那个，也不是最合他心意的那个。

她跟张无忌算是真的有缘分吗？恐怕不见得，甚至于只要随便的一点意外，他们的爱情就会夭折在兵荒马乱里，造化对她从来都不好。

可是爱情有时候是不能信命的。

我们往往误以为是缘分成全了心意，却不知道那么多人的缘分，都是在心意的驱使下走出一步又一步，自己去争取的结果。

哪有那么多水到渠成，不过是我们先挖出了渠然后引水而来。

哪有那么多顺理成章，不过是我们摆平了一切的困难去为自己争取幸福。

哪有那么多“我应该”“他应该”“男生应该”“女生应该”，不过是我喜欢你，就想要你知道。

人的年龄越大，往往就会越害怕被拒绝，我们不希望自己主动，不希望自己直白，不希望自己看上去像是一个没人爱没人要的人。

我们抛弃了自己的赤子之心，以为伪装会让自己变成一个“看上去更强大”的人。

我们假装矜持，试图通过学习一百种优雅隐晦的表白方法来保护自己脆弱可怜的自尊，却反而为自己招致更多的纠结、痛苦和遗憾。

这世上最伤人的，从来都不是得不到。

而是明明一伸手就可以争取，你却放任自己错过。在一天天的遗憾和自责中耗尽所有的信心和勇气，在午夜梦回中一次又一次地假设和猜想：“如果我当初……会不会有不同的结局？”

喜欢一个人，就勇敢地说给他听。

要保有一个孩子的勇气，用最真诚的眼神、最认真的语气和最炽热的心，去对待那个放在心底的人。

我好喜欢你呀，你也喜欢我好不好？

大不了不做朋友，谁在乎？

我又不缺朋友，只缺你。

以爱之名，推开爱情

职场节目《非你莫属》中，有一期来了一位又高又帅的男嘉宾，在职场测评题环节中，他被问到的问题是：

“如果你在情人节看见你的女朋友挽着其他男人的手，你会怎么做？”

他思考了两秒，脸上就露出了愤怒的表情，指着其中一位老板客串的女朋友质问：“你这样是不对的，你怎么能在这一天牵别人的手？你怎么能这样做？”

旁边的 HR 专家给出结论：“你是个非常没有安全感的人，即便外在条件很好，可你不相信自己。”

你甚至都没有问一问她这个男人到底是谁，万一是她弟弟或是父亲呢？也没有想过他们挽着手会不会有其他的可能，比如走秀或是表演，就直接开口指责。

在确认她的离开之前，先离开她，便能挽回一点自己的颜面和自尊。

跟我一起看的舍友记了一大段职场圣经，转头看到我记的笔记失笑：“人家好好一个职场秀，怎么就被你看成了情感节目呢？”

因为那不是圣经，是人生啊。

我用这句特别鸡汤的话回答她，想起了叶子和老程的故事。

叶子从中学开始就是班花，跟老程相遇在大学，毕业后却因为工作关系不得不暂时异地。老程被叫作老程，并不是因为他年龄大，而是因为他的长相……比较不显年龄。

他曾经笑呵呵地跟我们打趣：“你们二十岁的时候，我三十岁，可你们四十岁的时候，我还是三十岁，像我这种没年轻过的人，一般也不会老。”

除了外貌的差异，叶子和老程其实在其他方面都非常般配。老程是个很优秀的男青年，刚一毕业就拿到了一万多的高薪，两年之后又被总部看中，调任到香港去支援一个很大的项目。

老程出发的时候专程请了所有人，一顿饭中无数次欲言又止，散伙的时候才吞吞吐吐地开口：“那个啥，我不在的时候，你们多帮我照顾下叶子，有潜在的竞争对手，记得给我通个风报个信。”

那么好看的叶子，那么受欢迎的叶子，他不放心，千叮咛万嘱咐之后依依不舍地飞走，每天七点准时给她打电话嘘寒问暖。

矛盾的开始是叶子在圣诞节订了去香港的机票看他。为了给老程惊喜，她并没有将自己的决定告诉他，而是在中环逛了一整天，挑选合适的礼物，到了晚上才给他打电话。

他很快便来接她了，脸上的表情却并不高兴："你不是早上就到了吗？一整天都不跟我联系，你去哪儿了？"

叶子一脸惊愕："你怎么知道？"

"你忘了我是写程序的了？你在手机上订了机票我会收到通知。"老程解释了一句，便又追问，"你这一整天到底干什么去了？×××（叶子的高中男友）也在香港读书，你是不是去找他了？"

那样质问的语气和怀疑的神态将叶子刺得一愣，久别重逢的欣喜被奔波了一整天的劳累和对方的怀疑冲得一干二净："我想去哪儿就去哪儿，想见谁就见谁，你管我！"

两人又吵了几句，老程脸一黑，竟索性将叶子抛在了原地，自己返回公司加班。叶子站在人生地不熟的街头，粤语和英语双双不过关，问了好几家酒店都没有空房，只好打电话给老程口中的前男友，折腾几个小时，才在他的学校附近找到了歇脚的地方。

她第三天便离开了香港，两人开始冷战，直到有一天，老程给她打来电话。

叶子冷静了好几天，也觉得自己的态度有些不对，正准备就着老程递来的台阶走下来重归于好，一接起电话，却是老程阴阳怪气的声音：

“你不是说你没联系 ××× 吗？我问他了，他说接过你的电话，还帮你找了酒店，你们那天到底都做了什么？你是不是看他比我长得好，人家还是研究生，就想旧情复燃了？”

叶子气得险些摔了电话。我不知道她回答了什么，他又质问了什么，只知道从那天起，再也没有在叶子口中听到老程的名字。

不久之后她便又恋爱了，不是任何一个前男友，而是在一次行业酒会上认识的同行。

听说老程在香港大醉又大哭了一场：“我就知道留不住她，无论我对她多好，她都会喜欢上别人。”

而我却记得叶子的眼泪，那么好看的女孩子，哭得歇斯底里形象全无，眼睛肿成了一条缝。

“他为什么从来都不问我是不是想给他一个惊喜？那天晚上在陌生的街头，我是怎么找住处的？我害不害怕伤不伤心？为什么不相信我？他连犹豫都没有，就直接否定了我们的感情，那在他眼里我是什么呢？就是一个水性杨花的花瓶吗？”她说。

他本应该留住我的，可是他推开了我。

从头到尾，他都在指责，在怀疑，在质问，却唯独没有过一瞬间的关心和挽留。

人皆言爱，可爱若无信，更甚无情。

而最讽刺的是，我们推开爱情的理由，却是爱情本身。我们以为它该如白雪一般纯粹，又如镜面一般平滑，可爱情就如同生活，本身就充斥着无数的瑕疵和斑点。

开始很简单，结束很简单，而走下去，却太难。

一段没有信任基础的爱情如同海市蜃楼，看似高大雄伟，实则不堪一击。任何一段关系中，信任的建立是两个人自身安全感逐渐建立的结果，而不是原因。相信自己是值得被爱的，才会遇到真爱，在爱中再次强化这样的信念，直到安全感变得更加完备，由从他人的认可和支持中获取，到反过来求取于心。

没有人能独自一人长大，但也没有人会永远陪着一个孩子，完成信——望——爱的循环，是我们一生的课题。

认清爱情本身，或许是爱能送给一个人最难得的课程。

去相信，去沟通，去谅解，去争取。

别以爱之名，推开爱情。

Part 6
拖我后腿的人，都被我踢死了

每个人的心里都有一小簇火苗，那一小簇火苗代表着追求和向往，不可言说而又不想放弃的理想。那火焰有时很微弱，需要更多的支持和鼓励之时，却时常收获质疑与否定。

拖我后腿的人，都被我踢死了

小 U 决定要考 CFA 的消息没过一个上午就传遍了整个办公室，不大的办公区弥漫起一股有点儿微妙的情绪，跟小 U 坐对面的赵姐先打破了这种沉默：

“小 U 呀，女孩子这么有事业心很累的，你年纪也不小了吧？有时间学习，还不如趁早给自己挑个男朋友，女人干得好不如嫁得好，你这么拼，又有什么用呢？”

邻桌的同事也立刻接口：“就是，你看赵姐，嫁了个好老公，现在什么心都不操，多显年轻啊。我上次发现一家新的美容店，明天一起去试试呗，你上那个课有什么意思嘛，多累啊。”

“你学的这个在咱们公司根本用不上，就是浪费时间嘛。”

“多少人羡慕咱们朝九晚五不加班，你还自己给自己添麻烦，傻了吧？”

连坐在更远处的同事也都围过来，你一言我一语，没有一句鼓励的话，满满都是阻挠与质疑。

她甚至被经理叫去谈话，问她：“你是不是工作量太轻、太闲了，所以才生出这么多想法？”那位四十多岁的女经理对她的上进心虎视眈眈，顺便又苦口婆心地对她进行了一番“人生要知足”和“你还是找个对象吧”的“殷勤教诲”。

她决定辞职备考，办完离职手续的那天我们一起吃饭，她说：“不知道做出这样破釜沉舟的决定，今后会不会后悔。”

"但是不辞职的话，我现在真的每天都过得好累，不单单是每天下班之后还要上两个小时课，每周末风雨无阻的体力上的艰辛，更多的是来自于精神上的抵抗，每一周、每一天、每一个小时都在听着她们的洗脑，有时候连自己都忍不住怀疑自己。”

“可我也只有一辈子，不想永远这么浑浑噩噩地活。”她说。

她比预期更早地考下了证书，应聘到一家更大的企业，面试她的老板听完她的职业规划之后，微笑着表达了赞许。她约我喝咖啡的时候两眼发亮：“这是头一次，没有人因为年龄和性别而质疑我的努力，新公司里的同事都特别上进，我们经理都是两个孩子的母亲了，还说要跟我学日语呢。”

她像是一个被重新点燃的小火炬，斗志昂扬而又信心满满。

她在微信上这样跟我说："在最困难的时候，支撑我努力下去的只有一个信念，就是要脱离那个泥潭一般的环境，想摆脱那些以拖后腿泼凉水为乐的人。"

所以才要将步伐迈得更大，如果总停在原地，可能一辈子都无法摆脱这样的环境。

想走到一个干净温和的地方去，遇到更明亮温暖的人，那是支撑她坚持下去的全部力量。

我带过的一个实习生小朋友，跟我讲过自己高中时的逆袭史。

他高一的时候学习成绩很差，每天的生活就是上课睡觉和下课踢球，偶尔拿起课本准备学习，就会立刻遭到身边朋友的冷嘲热讽：

"这么听妈妈话，你怎么成了乖孩子了？"

"呦，你小子是不是看新来的英语老师漂亮，才背单词讨好她？"

"你基础这么差，学也是白学，考试的时候哥们儿给你传小抄，放心吧。"

十几岁的男孩子，正是脸皮最薄也最叛逆的年龄，开始的时候是对学习本身没多大兴趣，到了后来，不学习却成为他标榜自己个性的一个手段，直到暑假的时候，他被父母送去一个夏令营。

晚上大家围着篝火坐着聊天时，他忽然发现，原来除了讨老师和父母的欢心，努力原来还有那么多种可能与意义。

小组讨论的时候，没有人因为他基础很差而嘲笑他或是劝他放弃，反而会给他更多的鼓励和支持。

那些跟他同龄的青春少年讨论的是未来、是明天、是人生的规划，而不是下一次考试的时候如何作弊。

这是他心之所系，却从未拥有过的生活。

开学之后，他像变了一个人似的发奋图强。他搬出了宿舍，每天赶一个小时的路回家，直到高考的时候，成绩在全校名列前茅。

“刚开始补功课的时候，每天晚上只能睡四五个小时。”他说，“我所有的笔记本上都抄着狄金森的那首诗：如果不曾见过太阳，我本可以忍受黑暗。”

想上大学，想跟更好的人在一起，想奋力挤进那个有选择、有规则、有理想、有光亮的世界。

他说：“那些损友们后来再没来往，他们说我寡义，但我心里清楚，跟这些自己不努力还总拖人后腿的人为伍，可能我这一生也就那样了。”

每个人的心里都有一小簇火苗，那一小簇火苗代表着追求和向往，不可言说而又不想放弃的理想。那火焰有时很微弱，需要更多的支持和鼓励之时，却时常收获质疑与否定。

这或许也是人生有点儿艰难的原因之一：他人的生活方式和行为模式会像疾病一样传染蔓延，并不是所有的人一开始就会中招，然而在某个很脆弱又很疲惫的时刻，却常常无可避免地被负面的能量侵袭。

远离那些拖你后腿的人，让自己变成更好的人，努力走入那个更好的圈子，获得更正面的影响，这看上去或许无关紧要，却会让你向前迈步的人生稍稍轻松一点。

用我很喜欢的韩松落老师的那段话来结尾：

作为一个成熟的人，请务必务必，慎重选择影响自己的人，慎重地选择自己接受什么样的影响，最后，为自己的行为负责。

你没有错，只是太弱

一个小学妹在微信上找我聊天，她刚刚丢掉了干了还不满一年的工作，特别丧气地说，现在脑子里一团乱麻，不知道要怎么调整心态去找下一份工作，觉得自己特别冤枉，却不知道跟谁说去。

她毕业之后进了一家关系很复杂的私企，那是个家族企业，爸爸、叔叔、女儿、儿子四分江山，其间各种钩心斗角争权夺利，虽比不上电视剧里那般夸张，却也足够上演很多好戏。

由于上层的复杂关系，就连他们这些初入江湖的基础岗也无法置身事外。在这里，学会站队和见人说人话见鬼说鬼话，是比学会做事更重要的技能。

她是个老实的孩子，从心底反感这种尔虞我诈的企业文化，于是屡次推掉下班之后小团体的聚会，工作的时候也是眼观鼻鼻观心，像是自带一个透明玻璃罩，从不参与办公室里的口角是非。

她说："我有什么错呢？我只是想做好自己的事情而已啊，明明跟我没什么关系，为什么最后的牺牲品是我？"

她终究还是在那复杂的关系中败下阵来，成为了上层争权夺利的过程中一个毫不起眼的牺牲品，可是到了拿着辞退函无处可去的时候，她依然不清楚对她下黑手的人到底是谁。

跟她一起进来的五个人，三个主动请辞另谋工作，一个在办公室里拉关系套近乎混得如鱼得水，只有她浪费了一年的时间，只换来了档案上的一抹败笔。

我忍不住问："你明知道公司的关系这么复杂，就没想过要离开吗？"

她说："我想着无论多复杂的关系，只要我把事情做好就行了，压根没想到会到这一步，到现在想起来都像是做梦一样。"

有个很鸡汤的句子，叫作"你若盛开，清风自来"。可来的不只是清风啊，还有狂风骤雨和蜂蝶无数。你既无力自保，又不至于不可或缺，甚至连判断形势的能力都没有，又拿什么来让自己不染淤泥置身事外呢？

去年出差的时候，我见到了暌违多年的好朋友 R，晚上我们聊天的时候，她忽然没头没脑地冒出来一句话："还能活着见到你，真是太好了。"

细问之下，才知道了前两年发生在她身上的这件事。

她险些被自己的经理潜规则，那个有家有子的男人在对她嘘寒问暖百般关怀了一个月之后，在一次出差时，穿着睡衣半夜敲响了她的房门。

她严词拒绝，他恼羞成怒，仿佛只是一天的时间，她就成了全办公室最笨、最懒、做事最差劲的人。

她在他的百般刁难下几近崩溃，将两人的聊天记录打印出来提交给 HR，经理被叫去谈话，她以为无论如何这件事就能到此为止，那时的她还不知道，噩梦的尽头，有时是更可怕的噩梦。

她说 ："我真的做梦也没想到他会倒打一耙，说他对我嘘寒问暖只是对员工的基本关怀，而我的殷勤回应才是对他有所企图，可我是个新人啊，老板找我聊天我敢爱理不理吗？"

原本是一次骚扰，被他生生说成一场勾引，她饮恨辞职，而他依旧毫发无损地坐在经理的宝座上。

她不知道要对谁说去，也不知道怎么才能维护自己的合法权益，又羞恨又气恼又委屈，甚至起过自杀的念头。

"我想过很多次，为什么自己这么倒霉，明明没做错什么事，却得付出这样的代价？"她扯扯嘴角，"可是你知道吗，当我现在也坐上了主管的位置，新来的员工们谁强谁弱谁好欺负，可以说是一目了然。他当初就是看准了我性格软弱，又傻又天真又无力反击，才挑我下手。"

“我的确什么都没做错。”她说，“但我那时太弱了，太软弱，就很容易成为欺侮和牺牲的对象。”

我跟她相识多年，她一直都是长辈眼中的乖乖女，上学的时候连跟男生主动说句话都会脸红，工作之后，更是一个勤劳善良与世无争的软妹子。

而生活的残忍之处就在于，它并不会因为你乖就轻易地放过你，那些像小白兔一样柔软又善良的姑娘，并不会总遇到王子，有时她们也会遇到不怀好意的大灰狼。

生活本身就是一个巨大的竞技场，除了比拼谁的 excel 做得更快，谁的 PPT 做得更好，谁看得懂 balance sheet 谁又懂得 MECE 分析法，更多的，则是很微妙的人性博弈。

如何把握分寸，如何拒绝他人，如何探查人心，如何据理力争，如何明哲保身，如何及时撤退。

那些是所有教科书都不会提及的内容，也是一心打造“好姑娘”的父辈不会触碰的现实。

可是生活就是这么艰难啊，正是因为你不懂，正是因为你怯懦，正是因为你是那个总选择打落牙齿和血吞的人，它才会为你设下陷阱，变本加厉地欺负你。

电影《狗镇》中，女主角格蕾丝为了逃离身处黑社会的父亲来到了狗镇。妮可饰演的格蕾丝优雅善良又体贴温柔，除了片尾的反转之外，可称完美的玛丽苏人设，可她却并没遇到一个将她捧在手心的霸道总裁，相反，她一步步沦为狗镇人的奴仆，被狗镇所有的男性随意欺凌，最后又被心爱的男人出卖。

她没有做错任何事，只是她的出现，让狗镇的人们有了掌握别人命运的机会，而她本身，却又柔弱到无力抗拒任何罪恶。

人性的善良和社会的光明需要你有足够的智慧去体会，也需要你有足够的能力去抵御光明背后的黑暗和与善良比邻的丑恶。

孔子的高徒子贡就说过这样的一句话：“以君子恶居下流，而天下之恶皆归焉。”

你越是善良天真，越是与世无争，越是怯懦怕事束手无策，就越容易成为众人踩低捧高欺软怕硬的对象。因为软弱的人丝毫没有还手之力，阴谋阳谋一招都使不出来，只好眼睁睁地吃亏或是含恨败走。

让自己强大一点，了解一些人际常识，武装一些社会技能，是比心怀美好更加现实的处世之道。

愿你美得倾国倾城，也能狠得坚壁清野。

愿你会卖萌会撒娇，也能战胜这世界上所有的魑魅魍魉、豺狼虎豹。

别管理时间了，不够用的是你自己

公众号后台收到一位读者的留言：

“不知道你有没有这种感觉，每天的时间都好像不够用，常常熬夜去做没做完的事，然后第二天精神萎靡，觉得时间更不够用，一周一月恶性循环下来，什么都没做成……”

他问我：“有什么好的时间管理的课程或是软件可以推荐的？实在受不了自己这么低效的生活了。”

我曾经也是个非常痴迷于时间管理的人，吞青蛙、番茄钟以及各类 to do list 之类的软件不知下载了多少。听过许多大牛的时间管理课程，每次做年度和月度计划时，都恨不得焚香沐浴对时间三拜九叩，祈祷它不要那么快转身离去，只留我在原地一事无成。

我的手机 app 提示我，二十五分钟不碰手机，你就会收获一颗树，可是当我终于获得了一大片森林，却依然觉得时间不够用。

好像每一分钟都已经劈成了两半，洗衣服的时候听音频节目，坐地铁的时候不刷朋友圈而是看书，写文章的时候打开小黑屋软件强制保持注意力，可即便是这样，除了将自己弄得心力交瘁之外，没有任何其他的收获。

跟朋友吃饭，我连等待一杯热可可冷却的时间都嫌漫长，她看到我脸上满满的焦虑和迫切，问了我这样一个问题：

“你有没有想过，你的时间不够用，并不是因为你浪费了它，而是因为你自己本身就不够用？”

她从事文字类的工作，从记者到采编再到报社的主笔已有八年多的时间，就写文章一事，她问我：“你写一篇两千字的文章，大概要多长时间？”

“不包括前期阅读积累的话，至少也得一个半小时。”我说。

“同样的字数，差不多的题材，我大概只需要四十分钟。”她笑笑，“只写文章一项，我每天就比你节省五十分钟，这不是因为你故意拖延，而是专业和业余的区别，其实你不是时间不够用，而是技能跟不上野心而已。”

我很喜欢李笑来老师在《把时间当作朋友》的序言中写的那段话：

人们生活在同一个世界，却又各自生活在自己的那个版本之中，改变自己，就意味着属于自己那个版本的世界也会随之变化，其中包括时间的属性，当同样的时间有了不同的质量，整个生活都必然会因此焕然一新。

有时候我忍不住去想，当我升级成 2.0 版本的自己，生活会有什么不一样呢?

时间管理之所以无法解决许多问题，是因为当我们在谈时间管理时，想的却是精进。

我们误以为时间管理是其中的关键，殊不知那仅仅是个开始。

我在生活中也发现了这样一个有趣的例子：

同样的一份 PPT，我只需要做十几分钟，而新来的实习生则需要将近两个小时才能做完，而我的老板却只需要扫一眼，就能立刻判断出下一页的数据走向、导致这一走向的某些可能以及补充哪些数据进去会让整份文稿看上去更加充实可靠。

无关于智商，无关于勤奋，无关于虚度时光，他是未来 3.0 版本的我，而我是实习生小姑娘的 2.0 升级版。

当我们完成了第一步——集中精力之后，关注点就应该从管理时间，逐渐转化到提升效率，进而提升效能的方向。

做一件事，如何做得快，如何做得好，如何做到极致，这早已超出了时间管理的领域，涉及到了自我提升。一个拒绝升级自己的人总是跟时间死磕，除了收获满满的焦虑和暴躁之外，必然一无所得。

自我升级的第一步，是开始创造。

去做一点什么事，哪怕只是写一篇日记，画一幅图，输出永远比单纯的输入有效，那是强迫自己去重组信息和构建知识体系的过程。

第二步，是持续练习。

很多读者都曾在后台问过我，对于刚刚开始学习写作的人有什么建议。我每次的回答都一样：让你的东西被别人看见，无关于炫耀，无关于虚荣，闭门造车 10000 个小时的理论早已过时，精进的必要条件在于得到反馈和建立联系。

第三步，不要迷信任何的快速学习和快速养成。

业余和专业的区别，就是你的时间的质量，你的问题不是慢，而是低效。

第四步，建立多元化的思维方式。

巴菲特的合伙人查理·芒格有一个绝招，就是用跨学科思维去判断投资，学习不止一个传统学科的分析模型，将几个模型联合起来，共同作用于同一个方向，你的力量就不仅仅是这几种力量之和，这些学科包括：历史、心理、生理、数学、工程、生物、物理、化学、统计、经济等。

查理投资法的理论基础是：几乎每个系统都受到多种因素的影响，所以若要理解这样的系统，就必须熟练地运用来自不同学科的多元思维方式。

融入到生活中，若你想画好一副画，就不要只学习绘画技巧和构图元素，历史背景、地域的独特性、心理与外貌的联系，这些都可以是修炼的环节。同理，想写好一篇文章，就别只啃那些《如何成为一个好作家》之类的干货课程或是教你如何遣词造句的教科书。

每个人的知识金字塔其实就是建立在无数看似不相关的信息之上的，那些被提炼完的信息看似废墟，却是构建知识体系的基石。

最后，别着急。

认清一个事实：你不是天才，无法一步登天，所以你或许需要很久，需要很辛苦，才能达到少数天才能够轻松达到的位置。

但那又有什么关系呢?

终点一直在，纵是用一生走完，也不过是大器晚成而已。

祝你早日成为 2.0 版本的自己。

跟聪明人过招，如何做到“不㞞”

你有没有遇到过类似的情形：

自己正在公司的会议上讲解一份 PPT，忽然老板走进来提出了一个简单的问题，你立刻就慌了神，十分紧张又有点儿兴奋，语无伦次地试图说明这个问题，然而越解释，老板的眉头就皱得越紧。事后想起自己的表现痛苦不已，原本可以表现得更好，却㞞得莫名其妙。

在跟战斗力超强的“天才队友”一起讨论项目计划，对方虽然没有使用命令的口吻，你却发现自己压力山大，不太开心。

公司总有几个特别聪明的人，他们聊的话题天马行空，你心向往之，却不知道要如何参与，偶尔轮到自己发表意见，却总是表现得非常平庸。

不管平时给自己灌多少鸡汤说多少声加油，在面对比自己级别高和比自己聪明的人时，我们总会不由自主地陷入一种略带兴奋的恐惧，像是他们身上有一股无形的压力，一方面让人膜拜敬仰不由自主地想要靠近，另一方面却也容易让人在巨大的压力下发挥失常。

姑且先不谈如何让对方“惊艳”，如何让自己“不㞞”，发挥正常水平，也是一门学问。

美国的沟通专家道格拉斯·斯通在《高难度谈话》一书中讲到，哪怕是再简单的沟通，也能分为三个层次：

第一，信息层面；

第二，情绪层面；

第三，自我认知层面。

让我们分别从以上三个层次入手，来尝试推开这扇沟通之门。

首先，是信息层面。

美国斯坦福大学做过一项针对“聪明人”的性格研究，他们根据实验人员的 IQ 分组，在 IQ 高出普遍水平的那一组人中，观察到了如下几个关键词：理智、看轻过程关注结果、缺乏耐心、人际关系迟钝、对时间较为敏感，与高管的职场性格关键词大多统一。

这样的性格特征可以总结为两点：第一，他们很在意你表述的内容；第二，他们非常关注自己的时间。

在《优势谈判》一书中，将人沟通偏好的策略分为以下四种：

时间导向型：在进程中对时间的推进极其敏感，倾向于时间逻辑串联的沟通，比如“周一——周三——周五”。

关系导向型：对进程中人物的关系更感兴趣，理想的沟通类型是可以促进双方关系的，说正事之前先拉家常的人，大多属于这一类型。

任务导向型：最关心“我需要做什么”和“现在到了哪个阶段”，对整个进程的发展兴趣不大。

细节导向型：希望得到尽量多的细节、数据和背景，一切相关的资料，掌握的信息越多越有安全感。

大多数聪明人和高管们的偏好策略都落在时间导向型和任务导向型的区间，想要达成有效沟通，就要模拟一个倒金字塔的模型。行动和任务在上，细节填充在下，开门见山地提出重点，然后再解释原因ABC，如果对方有需要，再去解释A1A2A3的细节。

尽量为对方节省时间，不要废话，不要东拉西扯，先传达最重要的信息。

其次，是情绪层面。

是要收好自己的玻璃心，不要因为别人的一张冷脸或是淡淡的一个“嗯”而轻易心灰意冷，有可能对方只是不苟言笑或是习惯性面瘫，并不是不想搭理你或是有什么不满。

停止那种“可他是老板”或者“可她就是比我聪明”的内心戏，有助于克制内心的紧张感。

梁欢在《我说的不一定对》中写道：

与人沟通的态度大概可以分为三种：高傲，不卑不亢和谦卑。但在很多人的眼里，不卑不亢也要被划分到高傲这一类里，在他们看来，沟通只有两种态度，如果你不能谦卑地待他，他就认定你是高傲的。

在很多时候，所谓的“高傲”和“优越感”都是我们为对方强加的罪名，或许别人只是忙，或者只是习惯了某种讲话方式，并不针对某个人。

最可怕的不是聪明或笨的差距，而是自己的揣度和恶意。

第三，则是自我认知层面。

当我们说“他比我聪明”的时候，我们有什么感受？

当我们习惯了用单线程的思维去比较思考的时候，很容易陷入这样一个循环：

他聪明，我笨，他是高管，我是员工，所以他优秀，我糟糕。

这样的结论直接威胁到了我们自我认知的核心，人会本能地回避那些“让自己看上去不那么好”的人或事，这或许也就是我们面对这些人常常会感到危机感的由来。

想要建立轻松平等的沟通氛围，重构我们对自我的认知，是其中至关重要的一环。

在学校的时候，学习成绩常常被当作唯一的标准来衡量人的智力，但在职场和社会生活中，起决定性因素的是一个人智力、情商、话术和实干能力等因素的综合。

聪明人不应因智商的卓越而骄傲，同理，拼智力拼成绩落于下风的人，也无需因此灰心丧气。

从学校走入职场，也是从单纯的竞争变为寻求最大的共赢，学校里的第一名只能有一个，市场却是无穷大的，与其抱着矛盾的心态对比自己聪明的人虎视眈眈或者心生芥蒂，更不如尽量去寻找跟对方的互补。

他善于分析，你善于维护客户关系；

他反应迅速，你声线甜美；

他的创意新颖无双，你的演讲动人心魄。

我们完全没必要用自己的短处跟别人的长处死磕，除了羡慕嫉妒恨之外，还有另一种出路，就是在更高的人生维度上寻找共赢。

别总是耿耿于怀于“可是他比我聪明”，在智商之外，还有很大一片天地，从单纯的“比较高下”开始转向“发现不同”，发掘属于自己的核心能力和自信，才能够用更开放的态度接纳他人。

不要回避比自己聪明的人，也不用视高管领导为洪水猛兽。

学会跟比自己优秀的人一起工作，而不是让自己安于处在一个平庸的群体之中，才会有上升的空间。

知名广告公司奥美有这样一个传统，每当该公司提升一名管理人员到某地区去当经理时，就会送给他一个俄罗斯套娃作为礼物，以提示这位新任经理：创建一个新公司时要聘用比自己更有能力的人去做部门主管。

如果我们只任用不如自己的人工作，只跟不如自己的人打交道，虽然自尊心和虚荣心得以保全，却会在残酷的市场中失去持续发展的源动力。像俄罗斯的套娃一样越向里发展越小，直到被淘汰。

相反，清楚地知道个人的能力和才干都是有限的，无论做到什么职位，无论取得过怎样的成绩，均无法在各方面都比别人优秀，再能干的上司也要借助他人的智慧互相补充互相促进，才能不断提高，占据一席之地。

让你不适的不是别人的智商，而是你的心魔。

长大成人怎么这么艰难啊

这两天在看秋微的《女少年》，忽然就想起我妹妹十八岁生日那天，给自己许下的那个愿望：再也不要回到童年。

我很不解地问她原因，她摆出一副特别老成又沉重的表情说："因为长大成人太艰难了，再也不想重来一遍了。"

我们全家为她这样的回答惊掉了下巴，甚至在她回了学校之后，我们还坐在客厅里讨论了好几个小时，努力回忆她小时候究竟是受了什么委屈，遭了什么困苦，才跟童年结下了如此大仇。

第二周她回家，耐不住家人的轮番询问，于是说："我小时候你们常吵架，姐姐出门也不带我玩儿，连自己早午饭吃什么和头发的长短都不能决定，太憋屈太无助了。"

我妈忍不住接了句："你这也太矫情了吧，比起我们小时候吃不饱穿不暖，你都不知道有多幸福了。"

她笑了笑，说："其实想想，有些小事在现在看来挺 drama 的，但是以前连被老师批评一句或者被要好的朋友冷落都觉得天塌了，小时候真的很脆弱，想的太多能做的却太少，那种无助感，再也不想重来了。"

跟我一起读这本书的女友也感慨："长大了之后，明明坚硬强大得刀枪不入了，却反而没有小时候那种细腻又敏感的情绪。说是时光弄人也不过分，在我们最束手无策的年龄，却有最丰沛的感情和最脆弱的心。"

我妹妹像个受尽了苦难的成年人一般叹了口气，说："长大的过程真是太难了啊。"忽然想起，好像从许多人那里都听到过这样的话。

我有一位朋友，毕业之后放弃了一份条件不错的 offer，加入了一家致力于改善儿童生长环境的 NGO，定期在居民区里举行一些亲子活动，开展一些有关家庭教育的讲座，有时还需要上门调解。

有次聊天的时候，她讲起一个小姑娘的事。

那个小姑娘的爸爸是个酒鬼，没有工作，喝得高兴了不过骂两句，喝得不高兴了就对她随意打骂。

小姑娘的妈妈一个人赚钱养家，根本没时间也没心思关心女儿的成长，看到她身上的伤，最多不过不冷不热地说句"他喝酒的时候你不会离他远一点吗"，而她心上的伤，她看不见，又或许即便看见了，也束手无策。

她到小姑娘家拜访了好几次，无一例外都被她的爸爸赶了出来。他们在小区里办活动的时候，那个小姑娘就站在旁边，眼巴巴地看着别人的爸妈跟孩子亲密地玩儿在一起，露出那种自卑、怯懦又带着点儿羡慕的神情。可当她试图邀请小姑娘一起参加时，她总是会飞快地跑开，等到没有人注意到自己的时候再悄悄回来，站在一个角落里怯生生地看着。

无地自容，而又不知所措。

他们公司从杭州搬到厦门之前，她专程去找了那个小女孩，对她说："长大之后的生活会好一些的，你什么都别想，只要好好地长大成人，然后才有机会改变，才有机会离开这个家。"

总有一天，她也会长成像我们一样心底坚硬如同水泥地面的人，再也不会为了一点小事而哭泣流泪，觉得世界末日来临，像我们一样有着完美的面具，可以掩盖千疮百孔。

她说："可是有时就会觉得，长大成人，怎么这么艰难啊。"

我的另一位朋友，十五岁的时候就被爸妈安排到美国上学，家里的生意不能离人，爸妈只是待了几天就离开了，她一个人背井离乡，语言和人脉双重不通，每一天都过得特别孤独，又因为孤独，而显得如履薄冰。

她像个年纪轻轻就被锁在深宫中的少女一样，数完了左右的地砖，又开始数墙上所有或大或小的瑕疵。她在很多个夜里听着外面的风雪和自己的呼吸声，觉得自己下一秒钟就会寂寞到发疯。

还不包括房东操着浓重的印度口音的刁难，来自同龄孩子的孤立和嘲笑，深夜听到枪声时的惊惧惶恐，操着不够流利的英语跟店员讨价还价时对方瞪着鄙夷和打量的白眼。

如今的她已经成为了华尔街人人欣羡的金融精英，她的青春时光甚至要比很多人都来得优渥且丰富，可即便如此，聊起从前的时候，她也会像我妹妹那样感慨：“再也不想重来一次了。”

很小的时候，看着二打头或者三打头的数字，在自觉十分遥远的同时总是夹杂着一些紧紧纠缠的恐惧和期盼，既害怕时光会将自己变成一个面目全非的成年人，却也不可自拔地被成长带来的自由和独立吸引着。

每个小姑娘都偷偷穿过妈妈的高跟鞋，每个小男生都试图系上爸爸的皮带。成长，就像是带着金属光泽的两个字，让人本能地觉得冰冷，却因为明亮而不由自主地靠近。

自从过了二十五岁，每次聚会的时候总会有人问起这样伤感的话：“如果能回到过去，你最想回到什么时候？”

我常用这句话作答：“我不想回去了，我更想去未来。”

长大成人多好啊，拥有选择，获取力量。

懂得梳理自己的情绪，摆平生活中突如其来的小插曲，有机会选择，有能力改变，然后剥茧抽丝，解决一些从前看上去比天还大的无解的人生问题。

不再像个小白兔似的动辄红了眼睛，不再像只惊弓之鸟般一惊一乍，不再像只土拨鼠似的卑微怯懦。

披荆斩棘走过所有的艰难，跌跌撞撞长成自己的模样。

恭喜你，成为一个大人了喔。

恭喜你，会成为一个很好的大人喔。

将现在过得好，让未来有光亮。

大步向前，不再回望。

你总要自己完成那道人生的选择题

有天深夜，公众号忽然收到很多条读者留言，点开一看，来自于同一个人。那是个年纪不大的小姑娘，十分纠结地问我："嫁给凤凰男，今后真的不会幸福吗？"

她用大段的话描述男友复杂的家庭环境，倾全家之力供出的唯一一个大学生，有个轻微智障的姐姐，还有个弟弟，加上早年跟村中亲友的人情债，光看着就觉得费钱又费精神。

但另一方面，他性格敦厚温暖，待她极好，本身也是个上进又明理的人，两人确定了关系一年之后，他求了婚，可她却开始心生犹豫。

"我周围的好多朋友都说不要嫁凤凰男，家庭太复杂了，今后肯定有很多罪受。但是你知道吗，他是我长到二十几岁遇到的最好的人，如果因为这个原因放弃他，我也不知道自己会不会后悔。”

她甚至将他做过的性格测试和职业测评也截图发给了我，殷切地问：“你觉得他是个可靠的人吗？你觉得我可以相信他不会辜负我，会给我带来幸福吗？”

我在电脑这头看得不禁失笑，你相处了两年多的人，自己不清楚好坏，却要来问我这个陌生人。她提供的信息太多，以至于我亦无法相信她只是来求一个不痛不痒的“在一起，没问题”的肯定。

与其说渴求一个答案，倒不如说是希望天降“检验好男人的一二三四五”来帮她做出选择。

无独有偶，我这两天也正被一位女友缠着，她每天都会红着眼眶找我倾诉，一遍又一遍地反复问我自己到底该不该原谅他。

她口中的那个人是异地长跑五年又结婚刚满三年的老公，近期刚刚露出了出轨的马脚，被她发现之后痛哭流涕地道歉告饶，保证永不再犯。

父母劝她得过且过，密友劝她趁早离婚，她本身则在“男人的出轨没有一次两次，只有零次和无数次”跟“婚姻的真谛是原谅”中左右徘徊，不知如何抉择。

她给我讲述有关他的种种，刚刚结婚时的百般体贴，出轨期间的遮遮掩掩，好的坏的如同她的记忆交织在一起，末了十分纠结地问我：“你说，我要如何才能相信他结婚之前没有脚踏两条船，又怎么确定他今后不会再犯？”

我十分无奈地回答她：“问题的重点并不是他婚前有没有脚踏两条船过，而是你还愿不愿意跟这个人共度一生，不是他会不会再犯，而是你能否真正原谅他的初犯。”

若是信得过多年的感情抵得住昙花一现的诱惑，哭闹一场之后就得彻底翻篇，他身上的污点你自动无视，还将这个男人看作当初的心头至爱，在任何情况下不以对方的出轨为把柄，动辄要挟怒骂撒泼翻旧帐。

若是晓得自己眼里容不得沙子，无法克制自己对于婚姻清洁度的追求，那就收起所有的软弱犹豫，趁早一刀两断落得两厢干净，如同当年的卓文君，锦水汤汤，与君长诀。

这世上最可怕的，既不是原谅，也不是决裂，而是既不原谅，又不肯决裂，将一对璧人熬成一对怨侣，没了幸福又没了青春。

至于你如何选择，那取决于你是谁，你的性格如何，你能接受何种生活。

这个世界只有一个独一无二的你，没有人会比你更能了解自己，哪怕是跟你一路走来的过来人，也无法给你确定的答案。

回到文章开头的那个故事，我有一个朋友，在跟凤凰男苦恋三年之后终于提出分手，痛哭流涕地感叹贫贱夫妻百事哀，被对方复杂的家庭关系弄得心力交瘁苦不堪言。

但也有另一位，拿出创业公司高管的雷霆手段，刚柔并济，结婚第二年就摆平了男方家庭的种种关系，子侄辈上学，家里老房装修，该出钱出钱，该出力出力，毫不含糊。

与其说这两个迥异的结尾，仅仅是由于两个男人的个性能力不同，倒不如说越了解自己的人越容易取胜。

人往往喜欢在别人的身上做许多功课，到了自己的时候，却总以一句“我也不知道”轻描淡写地搪塞而过。

没有任何一段关系是可以靠一个人独立维持的，恋爱也好，婚姻也罢，是一场两人三足的游戏，确认对方的路数之后，也需要回头确认一下自己的节奏。

没有人能替你做出决定，亦或者说，没有人能量身定做地为你解决问题，咨询师也好，写作者也罢，一千个观点一万个故事，都是别人的人生，它们让你看到更多的可能，但也仅此而已。

别人的人生对于你来说，仅供参考却谢绝抄袭。

你是什么性格的人，那个人对你有多重要，你能付出什么，想要获得什么，能妥协什么，底线又是什么。

这是没人能替你选出答案的选择题，而你最终也只能活成你自己。

这世间没什么难题，是一块芝士蛋糕不能解决的

上大学的时候，因为朋友的安利买了全套《深夜食堂》的漫画书，卖书的是个我并不认识的学姐，大四毕业签到了一家外地的公司，书带不走才忍痛甩卖。

在她堆了满满的书桌上，其他的书都凌乱地摆放着，唯有这一套被放在了书架的最高层，我至今都记得她那种如视珍宝的神情。她郑重其事地对我说："你可不要觉得它仅仅是漫画书哦，它可是特别温暖特别治愈的，你晚上看的话可能会哭。"

那时我才刚刚二十岁，人生中根本就不需要"治愈"这个词。课业优异生活充实，家庭和睦朋友良多，正是最最不知愁滋味的年龄，

走马观花似的看完了十本《深夜食堂》，感觉却不过尔尔。

作为一个理性派的天蝎座，我其实并不大相信这世界上有某一种食物可以让人在电光石火之间茅塞顿开或者满血复活，直到毕业之后也屡屡陷入人生的困境难以自拔时，这才发现美食的可贵。

冬天加班到深夜又冷又饿又烦躁，再多的甜言蜜语也抵不过一块散发着香气的烤红薯。

遇到特别棘手的项目天天加班却收效甚微，再多的励志鸡汤也比不上一块浓香馥郁的黑森林蛋糕。

一些琐碎凌乱却无法自行消化的小失落小遗憾，不知该与谁言说时，只好掩埋进甜蜜软绵的半熟芝士，用不着谁来安慰开解，立刻便能满血复活。

我的朋友X小姐曾经为了拿下男神，硬生生地靠午饭只吃水煮青菜、晚餐只喝水的变态坚持将自己120斤的体重减到了90斤，堪堪相处了三个多月，对方就跟更漂亮也更苗条的一位姑娘对接成功，向她提出了分手。

她失踪了好几天，第二周回来的时候却又满血复活了。她神神秘秘地拉着我说："你知道吗，我终于去吃了那家死贵死贵的寿司。"

那家价目单上最少三位数的寿司店，她期盼了很久，他却从来没带她去过，分手之后她一个人伤情地在街上乱逛，路过这家店时，一咬牙就坐了进去。

吃着一块块贵得要死的新鲜鱼籽、鲔鱼刺身和海胆寿司，当那些小小的鲑鱼籽在她的口中爆开的时候，她忽然发现自己好亏。

“那一瞬间忽然就不伤心了，只是觉得不值。”她痛心疾首地看着我，“老娘这大好的两年时光，就浪费在这样的一个人身上，每天饿得睡不着，连喝口凉水都生怕胖了，错过了多少顿好吃的。”

后来她辞职去了另一个城市，在一家旅游杂志社做编辑，天南地北地出差取景。我常常看到她的朋友圈晒着各种美食，虽然体重过了百，整个人看上去却像是一根翠竹，英挺潇洒，再不复当初那种面黄肌瘦的杨柳之姿。

你没吃过的每一样东西里，都藏着一个世界，你还有很多很多的未知可以去尝试、去体验、去追寻。

不过是错爱一个人，不值得伤心一辈子。

我的另一位朋友不幸创业失败，将工作了好几年的积蓄赔得一干二净，房子车子都拿去做了抵押，就连马上要谈婚论嫁的男朋友也好像遭遇了冷空气一般忽然降了温，以前是日日嘘寒问暖，现在也借口工作忙而销声匿迹。

最让她伤心的，还是两个人的那顿分手饭。

他点了扇贝粉丝、爆辣墨鱼仔、酱肘子、酒酿鸭和芥末三丝，慷慨而真诚地说，他请她吃了这顿饭，今后做不了恋人还能做朋友。

做你 TM 的朋友，她的心愈发冷，在心底狠狠地骂道。

她从来不吃任何带壳的海鲜和所有完整的带着骨头的肉类，不吃芥末，也不吃辣。他们相恋四年，她记得他所有的喜好，而他对她却一无所知。

她当场就发飙掀了桌子，盘子和碗碎了一地，深夜里给我打来电话，哭得上气不接下气：

“难道我就这么不堪吗？相恋四年，他甚至都不屑于懂我，原来我在他心中，竟然这么一文不值。”

她因为这件事消沉了许久，整个人暴瘦二十多斤，神情惨淡木然，活像一具行尸走肉。每天蓬头垢面的连门都懒得出，家里的外卖盒子堆满了整个客厅。

某天她父母正巧出差过来看她，她只是草草地应付了两句说工作太累，便早早地躲进屋里睡觉，在睡梦中依稀听到厨房不停歇的细碎的响动，也提不起精神去看。早上醒来的时候，他们已经走了，客厅的快餐盒被收拾得干干净净，饭桌前摆好了饭菜，用电饭煲温着，散发着微弱的白色香气，旁边是妈妈手写的纸条：

冰箱里有饺子，你最爱吃的萝卜馅儿。还有给你炒好的牛里脊，吃的时候热一热就行了，葱花饼你吃的时候蒸五分钟就行，吃完了给我们打电话，我和你爸再来给你做。

只有他们才记得住她所有关于饭食的挑剔和癖好，七分熟的糖心蛋，吃麻不吃辣，牛肉只吃炒的不吃煮的，葱花饼只要葱油不要葱花。

不管她混得多失败，过得多不堪，永远都是他们最爱的小女儿，不管她离家多久多远，他们都记得。

她哭着吃完那顿早饭，居然觉得四肢都有了力量，那些熟悉的饭菜背后，是将她爱入骨血的两个人。

而人只有被爱着的时候，才会意识到责任。那是好好生活下去，活得清爽干净，被打倒一千次也得站起来的责任。

或许起治愈作用的从来都不仅仅是美食本身。它的背后有一个更加广大也更加温馨的世界，只要一角，便足以化成我们心中的灯塔，照亮去时的海，也指引返航的路。

这世间没什么难题是美食解决不了的，一顿不够就再来一顿。

直到你吃到爱也品到勇气，找回力量，重新上路。

不要闲，不要嫌

有天去看望一个朋友，她因为腿部做了一个小手术上班不便，便请了长假在家休养生息，这才堪堪休了两周，见到我就像看到救星一样，将电脑托到我面前。

“给我推荐一个学日语的课程吧，价钱贵一点没关系，最好是有时效性，不上完就过期作废的那种。”

“跟钱有仇？”我打趣她。

“就是想逼着自己做点儿什么事。”她十分失落地说，“休了快两周，闲得快要发霉了，每天忍不住胡思乱想，前天居然忽然想起从我住院到出院，同事和老板就只是打了几个电话，连看都没来看我一眼。”

“所以你是觉得他们薄情，想要武装一点技能今年跳槽？”我接着她寡淡的语气猜下去。

“不是的。”她笑了笑，“我受不了的不是他们，而是我自己。”

“没想到我也有闲到无事生非胡乱猜忌的一天，我要是再不给自己找点儿事做，恐怕就要变成怨妇了。”她说。

从每天加班加点工作十一二个小时忽然清闲到可以睡到自然醒，自以为多出来的时间是休养生息，却在这种闲散的节奏中忍不住胡思乱想。生活也开始脱轨，再也静不下心像从前那样百忙之中也要抽出一点时间读书。

反正每天的时间多得很，就是因为多，反而控制不住想要浪费。

聚会的时候朋友们聊起这件事，有位毕业就直接进了国企的朋友立刻心有戚戚，说：

“年轻的时候太闲，真的不是一件什么好事。像我这样，一天三个小时的工作硬要拖到八个小时做完，看上去很安逸，其实真的心累，大家都没事做，就在办公室里各种无事生非上演宫斗大戏。

“反倒是每年最忙的那一两个月，所有人都没时间生什么幺蛾子，虽然干得辛苦，可是一身轻松。”

越闲，就越是什么都不想做。之前的豪情壮志慢慢地被磨没了，竞争力一天不如一天，眼睁睁地看着自己贬值。现在就算是想跳槽，又能到哪里去呢？所以虽然觉得不好，也只能在这儿将就下去。

毁掉一个人的一生看起来很难，但其实你只要让他没事做就好，时间一长，他就会自己动手毁掉自己。

我们聊着这话题的时候，邻桌的几个人正在为另一个话题争论，声音越来越大。

一个女孩儿说："她有什么了不起的，签了那么多单，还不是靠脸，要不是她爹妈生得好，凭什么她就能月入十万，而我们什么都签不着？坐在办公室都快发霉了，真是无聊。"

另一个姑娘的声音说道："其实她还是有真才实学的，你看她做的那个 PPT，也被大老板夸了啊。"

"那可说不定。"开始说话的那位冷笑一声，"还不知道她跟老板有什么关系呢，长成那副模样，就是她最大的本事了吧。"

在一旁偷听的我们险些失笑，问身边那个同样做销售的姑娘："你刚入职的时候，遇到肤白貌美大长腿的同事有没有这样想过？"

"没有。"她毫不犹豫地回答我，"因为太忙了，每天连自己手头上的事都得加班做完，操心业绩还来不及，哪有时间盯着别人。"

"不敢让自己太闲，连周末都报了英语培训班。"

人正是因为闲得无聊，才能嫌得那样理直气壮。

多出来的精力和时间无处安放，只好用于揣测、猜忌和怀疑，以此来打发漫漫时光。

在年轻的时候闲下来，一开始不过是几分寡淡几分闲散，一些不着边际的胡思乱想和无事生非。接下来，将身边的人挨个儿赶走，把自己包裹成一个透明的茧与世隔绝，不再接受跟自己不同的生活，不再接受比自己优秀的存在，一点一点失去弹性与活力，变成一个苍白无趣而又阴暗狭隘的人。

“他是做新媒体的啊，不就是在路边发小广告让大家扫码的吗？”

“非要去什么大城市，一个女孩子心那么野，今后肯定嫁不出去。”

“Uber 是什么东西我不知道，但不就是做兼职司机嘛。”

人与人的差距，正是在这样不经意的猜测中被不断拉大的。

当你关闭了自己，选择猜忌和嫌弃之时，从此便再无前路，只剩回头。

哈佛大学的 Germer 老师在《The Mindful Path to Self-compassion》（不与自己对抗，你就会更强大）中介绍了对人脑功能的研究结果：

人的大脑有一个部分叫作默认模式网络（default mode network），位于头部从前到后的正中间，在专注做事的时候不活跃，但在休息的时候特别活跃，它的主要功能有三个：形成自我意识；反思过去，担忧未来；寻找问题。

人脑的默认状态就是各种担忧，所以人闲下来，一般都不会想好事。

而人心往往是个叠加态，你觉得自己是什么样的人，就会变成什么样的人，你觉得别人会怎么对你，别人对你的态度和行为就会逐渐向你猜测的方向倾斜。

不要闲，不要嫌。

在与世界的碰撞之中抛却偏见与猜忌，倾听别人的声音，学习别人的经验，才能进入更广阔的生活。

别在最该忙碌的年龄追求什么波澜不惊岁月静好。

做点儿什么事吧，那才是让你增值的武器。

去打败偏见与傲慢，也治愈陈年的无聊。

你也是那个为了合群而伪装过自己的人吗?

公司有两个同年进来的小姑娘，毕业于同一学校同一专业同一个班，暂且称她们为小 A 和小 B。

有天上班的时候，小 A 穿着一套很漂亮的裙子，还化了淡妆，见人就兴奋地说起同学聚会的事，她们的班长刚刚结束了三年非洲的外派回来，第一件事就是召集老同学见面聚一聚，又正巧赶上校庆，索性就在学校的餐馆订了包厢聚餐。

才到下午三点，小 A 就急匆匆地来找我告假，说想要早点儿去跟同学们会合，落下的进度晚上会自己加班赶上。我同意了之后顺口问小 B："你们要不要一起走？"

“不用了，我这边还有好多事没弄完。”小B露出个略带歉意的微笑，很忙碌的样子。

一直到下午六点，她都还坐在办公桌前，我走过去，准备问她还有多少工作没弄完的时候，看到她的屏幕上正在播放Excel教程，她有点儿尴尬地点了暂停键，看着我。

“其实我一点也不想去参加同学聚会。”她说，“我在学校的时候，跟宿舍的同学关系不好，我想，她们大概也不想见到我。”

“现在大家都长大了嘛。”我安慰她，“说不定这次见面还能解决一些陈年的误会呢。”

“不是误会。”她认真地摇了摇头，问我还记不记得她实习期间有次连请了好几天假的事。

小B从高中的时候就一直是个学霸，因为高考发挥失常才到了现在这个学校。她在大学里也学得十分认真，包揽了每年的一等奖学金和竞赛的第一名，可宿舍里的其他女生和她却不是一路人，她们更热衷于化妆、韩剧、逛街买衣服和跟男友煲电话粥。

她从未掩饰自己与她们的格格不入，几乎不跟宿舍的女生说话，也从来不参加任何宿舍的集体活动。不管她们为哪一款裙子和哪一个男神欢呼尖叫，她都冷眼旁观，常常是掐着熄灯的时间回去，沉默地洗漱完上床睡觉，第二天一大早就出去念英语。四个人一起住了将近一年，她连另外几个姑娘是哪里人都不知道。

女孩子的相处本来就比较敏感，平时明里暗里的摩擦终于在一次考试后爆发了。宿舍里的一个女生挂了一门专业课哭成泪人，而考试的时候，那女生就坐在小 B 的旁边，屡次向小 B 求助，她都置之不理。

舍长安慰她的时候顺口说了小 B 一句 :“你就不能帮着点儿她啊？举手之劳，好歹咱们是一个宿舍的人。”

“她又不是没脑子。”小 B 怼了回去，“住不住一个宿舍又不是我可以选择的，我凭什么要帮她。”

这就算是结下了梁子。申请换宿舍未果，接下来的两年里，小 B 更是像个独行侠一样，她有自己的另一帮其他专业的学友，有时也一起去图书馆，一起准备竞赛，看上去也并不孤单。

直到毕业的那年，学校组织了一次统一照相，照片需要加系里的钢印才能上报给学校做成绩单。时间定在一个周末，学校提前一周就贴了通知，声明过期不候。

小 B 那个时候已经开始实习，每天回到学校天都黑了，压根没有注意到通知的事，而她所有的舍友都没有把这件事告诉她。小 B 那个周末正好回家，等到系里的老师专门打电话来问，她才知道自己错过了大事。

她请了三天假，顶着炎炎烈日把照相馆、辅导员办公室、系主任办公室和政务处跑了个遍，最终还是自己补完了全部的流程。

她说起这件事的时候红了眼眶 :“我永远都忘不了，就是将成绩单送给辅导员签字后再拿去系主任那儿盖章这种小事，我都得请假自己去做。而她们谁在实习的时候，只要打个电话，其他人就会帮忙。”

“那一瞬间，真的特别无助。现在想想真的好傻，明明可以好好说的话，为什么要剑拔弩张到那种地步，对自己又没有什么好处。”

前几天在补之前的《奇葩大会》，看到臧鸿飞和马剑越的那场辩论——“我们该不该为了融入集体而伪装自己”。

其中臧鸿飞有一段让人心旌摇动的辩词，他说：

“你在任何一个团体里面，都要用才华说话，不要去讨好别人，不用去迎合别人，我跟别人不一样怎么了？

“我们在短暂的人生都走自己的路，不是说我去抱团，而是说我要走在这条路上。回头，噢，你也走在这条路上。”

可人生往往不如人意，在很多时候，我们是在具备选择权之前就被命运扔进某一个团体里，比如班级，比如宿舍，比如同事，比如客户。那是无论你有多努力，有多少才华，可能依旧无力躲避也无力挑拣的环境，唯一的区别就是你如何接受。

我认识一个姐姐，成绩优秀，人长得漂亮且多才多艺，经常是学校里各种晚会的主持人，还是学生会的干部。按理说女生善妒，可她跟室友的关系却非常好。

她主持晚会，宿舍里最会打扮的女孩儿来帮她化妆。

她准备考试，大家轮流帮她打水。

她画活动展板，那个写字最好看的女孩儿陪她一起熬到半夜。

我曾经很好奇地问过她的相处之道，她说：

“其实也没什么特别的，就是她们在看韩剧的时候我也凑过去聊聊天，她们研究化妆的时候我夸一句好看，拿了奖学金给大家买点儿小零食一起庆祝，考试之前帮大家打印一下笔记，平时该自黑就自黑，该示弱就示弱而已。”

我吃惊地问她：“可是你为什么要为了讨好她们而伪装自己呢？”

她回答我：“人这一生啊，需要你‘做自己’的关键时刻太多，反而是在这些小事上，去做做别人也没什么不好。一个人在努力向上爬的时候，背后其实是敞开的，就算掉下来没人接着，也尽量别让他人在你背后捅上一刀。”

一字一句，我至今都还记得。

每个人都觉得伪装自己的时候非常委屈，但其实那并不算是委屈，那只是与人交往的分寸，是我们太过绝对，以为世界上除了朋友就是敌人，但其实人与人的关系，更多的是点头之交和礼貌客套的灰色区域。

做不了亲密无间的战友，也用不着做相见眼红的仇雠。

本真原始的自我其实并不好看，而我们终其一生追求的，不仅仅是自由，还有在任何场合里面对任何人都应有的从容和体面。

带上那个微笑的善意的面具，是对自己的一种保护，也是对别人的一种尊重。

随心所欲而不逾矩，才是人生的最高境界。

反正下辈子也不会相见，不如把你的体面留在彼此心底。

世界那么大，别只是看看

跟一位做职业规划师的朋友聊天，她说："如果将这三年来自己回答过的问题统计下来，出现频率最高的，无非是一个疑问：我不知道自己喜欢什么，该怎么办？"

我很好奇她会如何解答这个问题。

"告诉他们先做好手头上的事儿呗，说不定做着做着就爱上了。"她笑了笑，"很多人根本就没有想要去创造一个爱好，只是站在原地等着，等着爱好像馅饼一样从天而降。"

有个读者在公众号后台给我留言：

"我不知道自己喜欢什么，每天工作都提不起精神，我该怎么办？"

他毕业两年，在一家本地的小报社做记者，薪水不高也不低，整个人也同这个职位一样，尴尬地卡在一个不上不下的阶层中。

他想要变好的欲望那么强烈，以至于用了五个感叹号来表达自己对现状的不甘心，混吃等死的不情愿，以及挣扎无门的不知所措。

我问他："你从事文字行业，应该有很多自己的作品吧，可以选一些得意之作，找机会跳槽啊。"

他十分为难地回答："其实我也没什么作品，每天写新闻稿都是套路，没深度没温度，拿出去也没人看得上。"

他告诉我，自己每次的采访稿基本都是照着模版罗列数据和事实，只用半个小时就能草草了事。他很喜欢南方周末某个编辑的文风，但自己肯定达不到那位编辑的水平，所以只能写一些口水文，完成交稿任务而已。

"你都没试过，怎么就知道自己写不到那个编辑的水平？"

他理直气壮地回答我："因为人家是真心喜欢这行啊，我又不是，对一件事没有热情，当然做不好。"

"那你为什么不喜欢呢？"我问。

他马上回复我："因为做不出什么成绩，所以觉得这一行很无聊。"

像是一个带着魔咒的怪圈：我不喜欢——我做不好——我更不喜欢——于是更做不好。

在找不到自己热爱和擅长的事物时，我们常常会归咎于"自己见识得太少”，但其实，每一个人从出生到成人，都已经或多或少地见识过很多行业和领域。

你的人生不是狭窄，而是太浅了而已。

“知乎”上的大 V 动机在杭州曾经在一场 live 中讲过这样一段话：

“我们这个时代，兴趣爱好是一件被过分美化的事，它常常被当作是激情、活力、坚持乃至成功的代名词，以至于当有些人觉得自己过得不够好的时候，第一反应便是：我没有找到自己的兴趣爱好。

“但我们真正感兴趣的，其实并不是兴趣爱好本身，而是它所能带来的东西。我们总想用兴趣爱好来换点儿别的，比如成功，比如名望，比如与众不同。”

总是将“爱好”“天赋”等词挂在嘴边的人，通常都有以下这种想法：

××× 做得好是因为他有天赋，这件事不是我的真心所爱，所以我才一直做不好，等我找到自己喜欢的事，我也会变得很厉害的。

我们往往太过看重“爱好”的力量，然后花很多时间和精力去调整状态。一路奔波寻找，却不知道爱好就如同完美的恋人一般，从来不会从天而降，想要真正得到它，需要痛苦的尝试和磨合。

我大一时曾经非常不喜欢自己的专业，觉得英语本身只是一种工具，作为一门学科实在是华而不实。这年头，就连北京街头的大妈都能说两句英语，而我却要将四年的时光浪费在这门“人尽皆知”的学科之上。

我几乎是以抗拒的态度度过了第一个学年，做了很多跟本专业毫无联系的兼职，自以为是在体验人生。跟一位学姐聊天时，我毫不掩饰地吐出自己对这个专业的不满，她听完很惊讶地问我：

“难道在你的眼里，学习英语就是为了在大街上跟外国人搭几句讪，电视里出现英文字幕的时候给家人提供一下翻译而已吗？

“你觉得这个专业没意义，是因为你根本就没想着要学好，总是停留在门外汉的水平，当然无聊。

“与其抱怨，不如改变，你先试着好好学一学，或许就会喜欢上它了呢。反正也没别的事可以做，不如试试看。”

那个寒假，我听写完了整整十季《老友记》的剧本，刚开始的时候每十秒就需要点击一次暂停，逐渐到一分钟、三分钟，再到后来，可以通过速记法连续听写十几分钟的内容。

大二的时候，我被老师推荐给一个美国老板做陪同口译，也就是在那时，我开始喜欢上自己的专业。那年我十九岁，戴着耳麦手心冒汗地坐在西装革履的老板身边，居然真的生出了一种奇妙的自豪感。

我的美国老板是个很风趣健谈的人，除了工作之外，也会跟我聊一些风土人情、生活中的趣事以及他对于一些事情的看法。我仿佛绕过了眼前的障目石，顿时觉得眼前一亮，生活别有洞天。

而我的很多同学却依然如同大一时的我一样，认为自己的专业没有意思也没有前途，抱怨着“我没有语言天赋”，跟各种各样的机会失之交臂。

或许“凑合”与“爱好”的分界点跟热爱程度无关，而是业余和专业的差异。

当你的水平沉寂于众人，无法发现自己的闪光点，无法得到他人的认可，便很容易心生倦怠。

可是当你做的这件事可以让你区别于他人，可以为你带来一些实际上的名利或是认可，它就很容易转化成为爱好。

你在一件事上所处的层次越低，就越容易放弃，道理也不过如是。

我们不是因为喜欢一件事才能做好，而是因为做好了某件事，才慢慢喜欢上它。

世界很广阔，但它也很深隧，别只远远地看一眼就转身离开。对生活的体验如同潜水，从浅海进入，一点点深入，等达到了下一个深度，才能看到不同的色彩。